BusinessUpdate

# Knigge fürs Büro



compact via

**Bisher sind in dieser Reihe erschienen:**

- Englisch für den Beruf
- Englisch telefonieren
- Fremdwörter
- Knigge fürs Büro
- Selbstmanagement
- Zeitmanagement

**Weitere Titel sind in Vorbereitung.**

compact via ist ein Imprint der Compact Verlag GmbH



Text: Sabine Kurz, Beatrice Vollrath
Redaktion: Felicitas Zahner
Produktion: Wolfram Friedrich
Titelabbildung: pressmaster, fotolia.de
Gestaltung: h3a GmbH, München
Umschlaggestaltung: h3a GmbH, München

ISBN 978-3-8174-9045-5
7190451

www.compact-via.de

# Vorwort

**Business Update – Die Welt bleibt nicht stehen!**

Die ständige Bereitschaft zur Weiterbildung ist im heutigen Berufsleben von herausragender Bedeutung. Nur so können Sie den Alltag im Büro professionell meistern und sich neue Karrieremöglichkeiten eröffnen. Dabei helfen die Bände der Reihe Business Update.

Die übersichtliche Gestaltung macht ein schnelles Nachschlagen problemlos möglich. Zahlreiche praktische Tipps helfen dabei, das neu erworbene Wissen unmittelbar umzusetzen.

In vielen Berufsfeldern ist es von großer Bedeutung, moderne Umgangsformen sicher zu beherrschen. Sie müssen die Regeln des guten Benehmens kennen und richtig einsetzen.

Dieser Band hilft Ihnen, im Geschäftsleben professionell aufzutreten. Lernen Sie, wie Sie den richtigen Ton treffen, die gebotenen Anstandsregeln beachten, die richtige Kleidung wählen und gekonnt jedes Fettnäpfchen vermeiden.

Bilden Sie sich weiter! Mit diesem Buch machen Sie bereits den ersten Schritt. Und wenn Sie darüber hinaus andere Weiterbildungsmöglichkeiten in Angriff nehmen, wird dies für Ihre berufliche Zukunft nur von Vorteil sein.

*Prof. Dr. Michael Heister*
*Bundesinstitut für Berufsbildung*
*Abteilungsleiter Förderung und Gestaltung der Berufsbildung*

# Inhaltsverzeichnis

# Verzeichnis der Spezialseiten

# 1. Der Umgang miteinander

Ein höfliches Auftreten kann den beruflichen Erfolg entscheidend beeinflussen, da Personen mit guten Umgangsformen nicht nur als freundlicher und sympathischer empfunden werden, sondern dieses Verhalten oft in einen direkten Zusammenhang mit ihrer fachlichen Kompetenz gesetzt wird. Das heißt, man spricht jemandem, der sich höflich verhält, mehr berufliche Qualitäten zu als einem Menschen, dem es an Manieren fehlt. Deshalb ist besonders im geschäftlichen Bereich ein höfliches und korrektes Verhalten sowohl für den einzelnen Mitarbeiter als auch für das Image des gesamten Unternehmens enorm wichtig.

**INFO**

**Denken Sie immer wieder einmal an Ihre Außenwirkung, die von unterschiedlichen Faktoren wie Kleidung, Make-up, Stimme, Gesichtsausdruck, Körperhaltung und eben auch von Ihren Umgangsformen bestimmt wird. Ringen Sie ruhig ab und zu Personen Ihres Vertrauens ein ehrliches Urteil ab.**

## 1.1 Höflichkeit ist zeitgemäß

„Alle Regeln zielen dahin, den Umgang leicht und angenehm zu machen und das gesellige Leben zu erleichtern“ – mit diesen Worten begründete vor etwas mehr als 250 Jahren der Urvater aller Benimmratgeber, Adolf Freiherr Knigge, sein Anliegen. Mit seinem Buch „Über den Umgang mit Menschen“ wurde der freisinnige Adlige bald zum ersten und einflussreichsten „Höflichkeitspapst“ überhaupt.

### Umgangsregeln – ein Beitrag zur Chancengleichheit

Dass der Freiherr Knigge später jahrhundertelang als Vertreter starrer, verstaubter Benimmregeln verkannt wurde, beruht auf einem Missverständnis. Hinter den Bemühungen des Freiherrn stand nämlich ein durchaus modernes Anliegen: Er wollte den in Adelskreisen gängigen Verhaltenskodex auch dem Bürgertum zugänglich machen und damit für ein wenig mehr Chancengleichheit sorgen. Aus diesem Grund veröffentlichte er jene ungeschriebenen Gesetze der Höflichkeit, die seit jeher den Umgang innerhalb der adligen Gesellschaft regelten. Den Angehörigen des Bürgertums war dieses „Geheimwissen" bis dahin nicht zugänglich gewesen. Kamen sie mit einem Adligen in Kontakt, verrieten sie daher durch unzählige Kleinigkeiten in ihrem Verhalten, dass sie einer anderen Schicht angehörten.

Auch moderne Ratgeber für gute Manieren sollten immer die Förderung der Chancengleichheit im Blick haben. Zeitgemäße und interkulturell einsetzbare Umgangsformen sind gefragter denn je, v. a. in einer Welt, die sich zunehmend international orientiert und für den Einzelnen immer unübersichtlicher wird. Schließlich rücken die Menschen auf unserem Globus immer näher zusammen – obwohl oder gerade weil sie in höchst unterschiedlichen Kulturen leben, die sich gegenseitig befruchten.

### Sozialkompetenz und Emotionale Intelligenz

Die beneidenswerte Fähigkeit, mit Menschen unterschiedlichen Alters, Bildungsstandes, Sozialstatus und kulturellen Hintergrundes kompetent, respektvoll und erfolgreich zu kommunizieren, wird heute meist als Sozialkompetenz bezeichnet. Diese hat eine Menge mit geschliffenen Umgangsformen zu tun.
Der zweite wichtige Faktor, wenn man sich gute Manieren – dieses im Beruf wie im Privatleben so wichtige Soft Skill – aneignen will, ist die eigene Persönlichkeit; das Schlagwort „Emotionale Intelligenz" benennt, worauf es ankommt – die Fähigkeit, sich in andere Menschen einzufühlen. Dann wird es nämlich möglich, so mit anderen zu kommunizieren, dass alle Beteiligten von diesem Austausch profitieren – ein Grundsatz, den man heute auch „Win-Win-Prinzip" nennt.

### Zeitgemäße Umgangsformen

Zu keinem Thema hat sich in Deutschland die öffentliche Meinung in den letzten Jahrzehnten so entscheidend gewandelt wie zu der Frage nach den richtigen Umgangsformen. Wurden Etikette-Leitfäden im Zuge der Studentenbewegung von 1968 oft und offen als Heuchelei kritisiert und damals sogar der Versuch gemacht, gesellschaftliche Regeln und damit die Gesetze der Höflichkeit ganz abzuschaffen, so hat sich heute geradezu ein neuer Kult um gepflegte Umgangsformen entwickelt. Der Trend zur Formlosigkeit in gesellschaftlichen Fragen wurde gerade bei jungen Leuten abgelöst von dem Bestreben, sich mit guten Manieren das Leben angenehmer und leichter zu gestalten.

Gleichzeitig allerdings ist eine gewisse Ratlosigkeit in breiten Kreisen der Bevölkerung darüber entstanden, wie ein zeitgemäßer Verhaltenskanon aussehen könnte. Zu den alten, starren Regeln der Etikette kann und will niemand zurückkehren; auch deshalb nicht, weil die überkommenen Formen der Höflichkeit bestimmte Bevölkerungsgruppen diskriminieren.

Im Zuge der Political-Correctness-Bewegung, die zunehmend auch in Europa Fuß fasst, wurde die Forderung nach zeitgemäßen Verhaltensstandards laut. Neue, verbindliche Umgangsformen, die den veränderten gesellschaftlichen Bedingungen hierzulande und der zunehmenden Vernetzung der Welt angemessen sind, müssen sich allerdings erst noch herausbilden und ihre Bewährungsprobe bestehen. Insofern befinden wir uns auch heute noch in einer Zeit des Umbruchs.

**INFO**

**Bedenken Sie jedoch: Wer heute dauerhaften beruflichen Erfolg anstrebt, wird ohne souveräne, geschliffene Umgangsformen scheitern. Immer mehr Unternehmen verlangen von Bewerbern auf Führungspositionen mehr als ein zügiges Studium, ein exzellentes Examen, hohe Flexibilität und Motivation – die sogenannten Soft Skills stehen ebenso hoch im Kurs.**

Benimmseminare für Studienabgänger gehören deshalb an vielen Fakultäten deutscher Universitäten inzwischen zum Standard. Auch potenzielle Führungskräfte der mittleren und unteren Ebene sowie Officemanager und ähnliche Berufsgruppen bemühen sich zunehmend, Lücken im Wissen um den guten Ton zu schließen. Stilsicheres Auftreten, guter Geschmack und ein zeitgemäßer Kommunikationsstil sollen in schweren Zeiten den eigenen Karriereweg ebnen helfen.

1

**INFO**

**Berufliches Fortkommen ist nicht das einzige Motiv, die eigenen Umgangsformen zu optimieren. Gerade junge Menschen möchten, dass auch in ihr Privatleben die „hohe Schule" des guten Benehmens Einzug hält. Sie erhoffen sich davon eine Steigerung des Lebensgefühls. Man liebt es heute wieder etwas formeller und möchte Einladungen im Bekannten- und Freundeskreis genauso stilvoll genießen wie offizielle Veranstaltungen.**

## Gute Manieren als Karrierebedingung

Die Forschung gibt den karrierewilligen „Knigge-Schülern" übrigens recht. An der Technischen Universität Darmstadt hat man unlängst festgestellt, dass Bewerber aus „guter" Familie mit mäßigem Studienabschluss bessere Positionen erlangen als der fleißige, intelligente Aufsteiger mit brillantem Examen. Erfahrene Personalberater führen dieses Phänomen u. a. auf den „Insidereffekt" zurück, der schon Knigge zu seinem Buchprojekt inspirierte: Bewerber aus sozial höher stehenden Familien haben die richtigen Umgangsformen von frühester Kindheit an verinnerlicht. Sie haben sehr früh gelernt, Unsicherheit oder Schüchternheit souverän zu überspielen, auf Menschen zuzugehen und sich in unterschiedlichsten Situationen selbstbewusst, aber höflich zu präsentieren.

Kaum überraschend ist deshalb ein weiteres Ergebnis der Darmstädter Studie: In der obersten Führungsebene der deutschen Wirtschaft kommen vier Fünftel aller Beschäftigten aus der sozialen Oberschicht – obwohl diese in Deutschland gerade mal drei Prozent der Gesamtbevölkerung ausmacht.

Gerade in Deutschland sind in den letzten Jahrzehnten in der privaten Wirtschaft immer mehr Fachkräfte in Führungspositionen aufgestiegen. Perfekte Umgangsformen aber sind für viele dieser sozialen Aufsteiger keine Selbstverständlichkeit, sondern müssen der Karriere zuliebe neu erlernt werden. Schließt die berufliche Position repräsentative Aufgaben ein, so muss dieser Verhaltenskodex oft auch an die Familie weitergegeben werden. Durch die fortschreitende Globalisierung ist es für immer mehr Berufstätige aller Hierarchiestufen geboten, sich in unterschiedlichen Kulturkreisen souverän zu bewegen. Auslandsaufenthalte sind dafür überaus hilfreich und für viele Mitarbeiter deutscher Firmen bereits eine Selbstverständlichkeit.

Internationale Unternehmen in Deutschland pflegen häufig ihre eigene, z. B. typisch amerikanische oder typisch japanische Unternehmenskultur. Auch hier brauchen deutsche Angestellte Unterstützung, um ungeschriebene Regeln zu verstehen und adäquat zu kommunizieren. Aber auch die Standards deutscher Unternehmen haben sich verändert – und sind zum Teil noch immer in diesem Wandlungsprozess begriffen. Galt vor wenigen Jahren noch der sogenannte „casual friday" in manchen deutschen Unternehmen als letzter Schrei, so ist es heute schon nicht mehr denkbar, am letzten Arbeitstag der Woche leger gekleidet am Arbeitsplatz zu erscheinen.

**INFO**

**Achten Sie darauf, dass an Arbeitnehmer unterschiedlicher Branchen nicht die gleichen Anforderungen hinsichtlich Arbeitsstil, Verhalten oder auch Kleidung gestellt werden. In vielen Branchen gibt es überhaupt keine verbindlichen Verhaltens- und Dresscodes mehr – der Einzelne ist in diesen Fällen auf sein persönliches Stil- und Taktgefühl angewiesen.**

Inzwischen spielen perfekte Manieren auch in der mittelständischen Wirtschaft und auf der mittleren und unteren Führungsebene eine immer größere Rolle. Seit man sich hierzulande das ehrgeizige Ziel gesetzt hat, Deutschland zum Dienstleistungs- und Serviceparadies zu machen, werden elementare Kenntnisse der wichtigsten Benimmregeln für fast jeden Berufstätigen unentbehrlich – für den Busfahrer genauso wie für die Serviererin im Fastfoodrestaurant.

### Gibt es noch einen festen Verhaltenskodex?

Für frühere Generationen war es meist klar, welche Verhaltensregeln auf die jeweilige persönliche Situation zugeschnitten waren. So konnte man sich bei dem Bemühen um gutes Benehmen auf einen verbindlichen Verhaltenskodex verlassen. Alter, Nationalität, Geschlecht, Beruf oder sozialer Status legten fest, „wer man war". Solche Regeln sind heute außer Kraft. Selbst der Blick in moderne Benimmbücher belegt, dass es zu bestimmten Themen auch unter Experten verschiedene Standpunkte gibt. Ob vermeintliches Insiderwissen über den Konsum von Luxusgütern aus der Welt der Society zielführend ist, muss jeder selbst entscheiden. Ratgeber, die der breiten Bevölkerung vermitteln, wie man sich stilsicher zum Snob entwickelt, stehen ebenfalls zur Verfügung. Wahlweise gibt es auch Anleitungen, wie man es mit Rücksichtslosigkeit zum modernen Machtmenschen bringt. Natürlich lassen diese extremen Standpunkte kaum eine Hoffnung auf gesellschaftlichen Konsens erwarten.

Was also sind zeitgemäße Manieren? Gewiss nicht die Besserwisserei mancher Benimmseminar-Absolventen, die ihr neu erworbenes Wissen auf jeder Party zum Besten geben müssen. Taktgefühl, Rücksichtnahme und Respekt vor den Mitmenschen haben dagegen als moderne Anstandstugenden allgemeine Gültigkeit. Auf Arroganz, Snobismus und Überheblichkeit sollte man in jedem Fall verzichten. Moderne Umgangsformen – das sollte taktvolles, diskretes und zuvorkommendes Verhalten bedeuten, das von Respekt gegen sich selbst und gegen andere getragen ist; keinesfalls aber die vermeintliche Gewissheit, besser zu wissen als andere, was Höflichkeit bedeutet.

„Gute Manieren bestehen aus vielen kleinen Opfern“, das meinte zumindest vor rund einhundertfünfzig Jahren der amerikanische Philosoph und Schriftsteller Ralph Waldo Emerson (1803–1882). Aus dem gemeinsamen Interesse an einem erfolgreichen Miteinander heraus sind auch moderne Menschen dazu wieder gerne bereit.

## 1.2 Anrede und Grüßen

### Anrede

Die korrekte namentliche Anrede ist in der Berufswelt eine äußerst wichtige Angelegenheit und kann gar nicht hoch genug eingeschätzt werden. Sie ist manchmal sogar ausschlaggebend dafür, ob ein Geschäft zustande kommt oder nicht. Es zeugt von Respekt und Aufmerksamkeit gegenüber Kollegen, Vorgesetzten und Geschäftspartnern, sie im Gespräch beziehungsweise bei der Begrüßung mit ihrem Namen anzusprechen; man gibt ihnen damit zu verstehen, dass sie einem wichtig sind. Vorher sollte man sich allerdings hinsichtlich der korrekten Schreibweise und Aussprache der betreffenden Namen kundig machen. Ein falscher Buchstabe kann die gut gemeinte Absicht unter Umständen in ein peinliches Malheur verwandeln.

**INFO**

**Bei überraschenden Besuchen beauftragen Sie am besten die Sekretärin damit, die Visitenkarte des Gastes vorab in Empfang zu nehmen und Ihnen zu überreichen.**

### Veraltete Anredeformen

Es gibt einige Anredeformen für Frauen, die früher sehr gebräuchlich waren, heute jedoch vollkommen veraltet sind. Als überholt gilt die Anrede mit „Fräulein“, aber auch diejenige mit „Gnädige Frau“. Junge und ältere Frauen werden heute allesamt mit „Frau“ angesprochen, auch wenn sie nicht verheiratet sind.

In Ausnahmefällen kann es vorkommen, dass ältere, unverheiratete Damen noch mit „Fräulein“ angesprochen werden wollen, da sie dies aus früherer Zeit so gewöhnt sind. Man sollte dann durchaus eine Ausnahme machen, um die entsprechende Person nicht zu verletzen. In allen anderen Fällen gilt die Anrede „Fräulein“ als altmodisch und wirkt auf manche Frauen sogar kränkend. Auf die Anrede „Gnädige Frau“ trifft man ebenfalls nur noch bei älteren Damen und Herren, die den Ausdruck als Zeichen besonderer Wertschätzung gebrauchen. Ansonsten ist sie überholt und nicht mehr angemessen.

### Anrede von Titelträgern

Besitzt jemand einen Titel, so hat er auch das Recht, damit angesprochen beziehungsweise vorgestellt zu werden (außer er macht ausdrücklich darauf aufmerksam, dass er dies nicht möchte). Der Titel wird immer zusammen mit dem Namen genannt, wobei bei mehreren Titeln immer nur der erste verwendet wird (z. B. „Herr Professor Brandt“ anstelle von „Herr Professor Dr. Dr. Brandt“).

**INFO**

**Beim Schriftverkehr ist es sowohl im Briefkopf als auch auf dem Kuvert üblich, alle Titel aufzuführen. In der Anrede erscheint hingegen nur der jeweils erste Titel: „Sehr geehrter Herr Professor Brandt".**

Spricht man jemanden nur mit „Herr/Frau Doktor" an, ohne im Anschluss daran den Namen zu nennen, so ist das nur korrekt, wenn die betreffende Person den Arztberuf ausübt. Bei allen anderen Titelträgern wäre diese Anrede falsch. Weiterhin gilt es heute als unkorrekt, eine Frau mit dem Titel ihres Mannes anzusprechen. Dies war früher durchaus üblich, wird aber heutzutage nicht mehr praktiziert. Ist die Frau selbst im Besitz eines Titels, steht ihr natürlich das gleiche Recht zu wie ihren männlichen Kollegen. Sie wird dann beispielsweise mit „Frau Doktor Stein" angesprochen.
Wenn sich ein Titelträger selbst jemandem vorstellt, dann lässt er allerdings seinen Titel weg, im Gegensatz zu einer Vorstellung durch andere.

**INFO**

**Doppelnamen sollte man immer in voller Länge aussprechen, bei sehr langen Namen kann man jedoch nach einer Abkürzung fragen. Als unhöflich gilt es, Doppelnamen einfach abzukürzen, ohne vorher zu fragen.**

### Du oder Sie?

Genau wie im Privatleben darf das Du auch im beruflichen Umfeld ausschließlich vom Ranghöheren angeboten werden; bei Gleichrangigkeit der Personen können beide Seiten das Du anbieten. Ausschlaggebend für das Duzen und Siezen sind nicht zuletzt die in dem Unternehmen üblichen Umgangsformen. In vielen Firmen ist es üblich geworden, sich generell zu duzen. Ist das der Fall, so sollten Sie nicht auf dem Sie bestehen.

Wenn es bei Ihrer Arbeitsstelle keine schweigende Übereinkunft auf diesem Gebiet gibt, sollten Sie sich vorher gut überlegen, wem Sie das Du anbieten und damit ganz automatisch ein Verhältnis besonderen Vertrauens herstellen, das sich nur schwerlich wieder rückgängig machen lässt. Vergessen Sie nicht, dass im Berufsleben eine gewisse Distanz in manchen Fällen durchaus von Vorteil sein kann.

**INFO**

**Einmal dem Du zugestimmt oder es selbst angeboten zu haben, bedeutet, dass man sich in der Folge auch an diese Anredeform halten muss, wenn man den anderen nicht vor den Kopf stoßen will. Anders ist es, wenn man das Du in einer Art Ausnahmesituation – beispielsweise bei einer feuchtfröhlichen Betriebsfeier – angeboten bekam.**

**AUF EINEN BLICK**

- → **Die Anrede erfolgt stets mit Namen und gegebenenfalls mit Titel.**
- → **„Fräulein" oder „Gnädige Frau" sind nicht mehr üblich.**
- → **Das Du wird stets vom Ranghöheren angeboten.**
- → **Bei der Entscheidung, ob man einem Kollegen das Du anbieten soll, immer auf betriebliche Standards achten.**

**Grüßen**

Ähnlich wie im Privatleben grüßt im Berufsleben derjenige zuerst, der den anderen als Erster sieht. Dies gilt allerdings nur für das Grüßen im Vorbeigehen. Stellt man als Rangniedrigerer jedoch fest, dass ein Vorgesetzter nicht zuerst grüßt – etwa aus Unachtsamkeit – so grüßt man selbst zuerst. Zu beachten ist, dass es im Berufsleben eine andere Rangfolge als im Privatleben gibt: Frauen gelten hier nicht automatisch als die Ranghöheren, es zählt die Rangfolge, wie sie im Unternehmen vorgegeben ist (z. B. Chef – Abteilungsleiter – Verkäufer).

**INFO**

**Es gibt bestimmte Situationen, in denen es üblich ist, auch unbekannte Personen zu grüßen: das Besteigen eines Zugabteils, eines Reisebusses oder Flugzeugs sowie das Betreten eines Lokals, Geschäfts oder Aufzugs.**

Betritt man einen Raum, so grüßt man grundsätzlich als Erster. Eine Begrüßung mit Handschlag ist im Berufsalltag unter Mitarbeitern nicht üblich. Das liegt daran, dass man denjenigen dann bei jeder Begegnung mit Handschlag begrüßen müsste. Ausnahmen gelten, wenn man in den Urlaub geht oder vom Urlaub zurückkommt. Wohlgemerkt: Diese Regelung gilt nur für die Mitarbeiter eines Unternehmens untereinander. Dass man Fremden, Kunden oder Gästen die Hand gibt, ist selbstverständlich. Beim Handschlag stehen Männer und Frauen außerdem immer auf – auch vor Kollegen und Kolleginnen. Außerdem sollte man die linke Hand bei einer Begrüßung oder Verabschiedung nicht in der Hosentasche verschwinden lassen.

Zur Begrüßung ist von „Guten Tag" über „Grüß Gott" bis hin zu „Moin moin" alles erlaubt (auch regionale Färbungen), ein „Mahlzeit" jedoch gilt in vielen Betrieben als Tabu, weshalb man es sich verkneifen sollte – auch vor dem Betreten der Kantine.

**INFO**

**Schauen Sie der Person, die Sie begrüßen oder mit der Sie gerade sprechen, immer in die Augen. Ein Abwenden des Blicks lässt Sie entweder schüchtern und unsicher erscheinen oder Ihr Gegenüber denkt, Sie hätten etwas zu verbergen und würden nicht die Wahrheit sprechen.**

Zu beachten ist auch, dass man sich im Berufsleben generell nicht so vertraulich begrüßt wie im privaten Umfeld.

**AUF EINEN BLICK**

- → **Es grüßt derjenige, der den anderen zuerst sieht.**
- → **Grüßt ein Vorgesetzter nicht zuerst, grüßt man als Untergebener selbst als Erster.**
- → **Beim Betreten eines Raumes grüßt mal selbst zuerst.**
- → **Keine Begrüßung mit Handschlag unter Kollegen (nur in Ausnahmefällen).**
- → **Bei Kunden, Gästen und Fremden: Begrüßung mit Handschlag.**

**Vorstellung und Empfang**

Empfängt man innerhalb des beruflichen Umfeldes einen Besucher, so stellt man sich vor und erwartet daraufhin eine Vorstellung seines Gegenübers oder fragt von sich aus nach dessen Karte. Sollte es bei einer Vorstellung einmal vorkommen, dass man den Namen eines Gastes nicht ganz verstanden hat, so ist es durchaus erlaubt, noch einmal nachzufragen.

**INFO**

**Es wird grundsätzlich der Rangniedrigere dem Ranghöheren vorgestellt. Wird die Vorstellung nicht durch Dritte vollzogen, so muss der Rangniedrigere die Initiative ergreifen und sich selbst dem Ranghöheren vorstellen.**

Stellt man seinen Partner vor, so lautet die korrekte Form bei verheirateten Paaren „Mein Mann“ oder „Meine Frau“ (und nicht „Mein Gatte“ oder „Meine Gattin“; das ist inzwischen veraltet). Ist man nicht verheiratet, kann man seinen Lebensgefährten als „Partner“ oder einfach nur mit Namen vorstellen („Darf ich Ihnen Frau Morhart vorstellen?“).

Empfängt man einen Besucher (egal, ob es sich um eine Dienststelle, ein Büro oder das Zimmer des Chefs handelt, das der Gast betritt), so wird dieser sofort begrüßt, auch wenn man vielleicht gerade mit einem anderen Kunden, Mitarbeiter etc. beschäftigt ist. Hier reicht dann z. B. ein kurzes „Guten Morgen, ich bin gleich bei Ihnen“.

**INFO**

**Befindet man sich gerade mitten in einem Telefonat, so kann man zumindest durch ein kurzes Kopfnicken dem Besucher zeigen, dass man ihn registriert hat. Ihn während des Gesprächs einfach zu ignorieren, zeugt dagegen von ausgesprochener Unhöflichkeit.**

Ist einem der Gast als Führungskraft oder als Inhaber eines gehobenen Postens bekannt, so wartet man, bis er zur Begrüßung die Hand reicht.
Man sollte auch nicht vergessen, den Besucher aufzufordern, seinen Mantel abzulegen. Männer müssen außerdem dem Gast aus dem Mantel helfen,

Frauen tun dies normalerweise nicht, außer es handelt sich bei dem Besucher um eine wesentlich ältere Dame oder einen wesentlich älteren Herrn.

Bevor man dann zum eigentlichen Thema kommt, sollte man dem Besucher ein Getränk anbieten und als Einleitung etwas Small Talk betreiben („Wie war Ihre Fahrt?“ oder „Ich hoffe, Sie haben gleich hergefunden.“), um ihn nicht gleich mit dem eigentlichen Gesprächsthema zu konfrontieren.

Als Besucher sollte man beim Betreten eines Büros vorher anklopfen. Jedoch muss man nicht (wie im Privatbereich) auf ein „Herein“ warten, sondern kann anschließend gleich eintreten, außer in Ihrem Unternehmen gelten andere Vorschriften. Diese Regeln sind sowohl für Besucher als auch für eigene Mitarbeiter gedacht, d. h. man klopft auch an die Tür der Kollegin/des Kollegen an, wenn man ihr/sein Büro betreten will.

## AUF EINEN BLICK

- → **Kunden und Gäste sofort begrüßen.**
- → **Bei Vorstellung mit Handschlag wartet man, bis der Höherrangige einem die Hand gibt.**
- → **Gäste werden zum Mantelablegen aufgefordert.**
- → **Herren helfen Gästen aus dem Mantel.**
- → **Vor dem Betreten eines Büros anklopfen (gilt für Kollegen und Gäste!).**

## Höflicher Umgang mit Kunden und Besuchern

Ein positives Arbeitsklima wirkt sich auch auf den Umgang mit Kunden und Besuchern aus. Der freundliche und zuvorkommende Kundenkontakt ist schließlich das Aushängeschild einer erfolgreichen Firma. Im Umgang mit Besuchern sollten Sie Folgendes unbedingt beachten:

- Hochrangige Besucher erwarten, dass man sie in der Eingangshalle abholt. Diese Geste betont die Wichtigkeit des Besuchs für die Firma.
- Muss ein Besucher den Weg zu Ihrem Büro allein zurücklegen, bitten Sie ihn sofort freundlich herein, sobald er an Ihre Zimmertür klopft.
- Sollten Sie gerade ein Telefongespräch führen, brechen Sie dies mit einer Entschuldigung umgehend ab.
- Nur wenn der Gesprächspartner wichtig oder höherrangig ist, bitten Sie Ihren Besucher mit einer freundlichen Handbewegung, Platz zu nehmen und kurz zu warten.
- Nach einer raschen Beendigung des Telefongesprächs entschuldigen Sie sich bei Ihrem Besucher und fragen höflich, ob sie oder er nicht ablegen möchte. Dabei hilft der Herr der weiblichen Besucherin aus dem Mantel.
- Sorgen Sie für Kleiderbügel im Büro, um die Garderobe ordentlich auf einen Bügel hängen zu können.
- Bieten Sie Ihrem Besucher etwas zu trinken an und führen Sie mit ihm zum Einstieg in das geschäftliche Gespräch noch etwas Small Talk.
- Es ist unhöflich – und möglicherweise auch nicht ratsam – Besucher im Büro allein zu lassen.

INFO

1

## 1.3 Ordnung am Arbeitsplatz

Am Arbeitsplatz für eine gewisse Ordnung zu sorgen, ist deshalb so wichtig, weil andere Personen – egal, ob Mitarbeiter, Vorgesetzte oder Besucher – gerne von dieser Ordnung auf die Arbeitsweise der entsprechenden Person oder gar auf die des gesamten Unternehmens schließen.

**INFO**

**Vor allem bei Räumen, die für den Empfang von Gästen vorgesehen sind, ist auf Ordnung und Sauberkeit zu achten.**

Daher empfiehlt es sich nicht, Essbares, Kaffee- oder Teetassen auf Papierberge zu stellen oder Aschenbecher längere Zeit ungeleert im Raum zu lassen. Auch sollte auf dem Schreibtisch kein zu großes Durcheinander herrschen. Etwas Ordnung ist selbst im größten Stress und Chaos noch möglich. Dazu zählt auch, dass man Unterlagen, die das Unternehmen betreffen, nie offen liegen lässt.

Auf keinen Fall sollte man einem Besucher Kaffee in einer angeschmutzten oder angeschlagenen Tasse anbieten: Tassen, Gläser oder Teller für Gäste müssen sauber und vom Design her geschmackvoll sein. Erst den Stuhl von Papierbergen befreien zu müssen, auf dem sich der Gast niederlassen soll, ist für den Gastgeber ebenfalls peinlich.

**INFO**

**Ein besseres Image lässt sich auch dadurch schaffen, dass in einer Besucherecke oder einem Besucherraum immer aktuelle Zeitschriften bereitliegen und sich Pflanzen oder frische Blumen im Raum befinden.**

Zudem sollte man zwischendurch immer kurz durchlüften, um den Gast nicht abgestandener Luft auszusetzen. Für Jacken und Mäntel muss ein Garderobenschrank bereitstehen. Dies macht einen ordentlicheren Eindruck als offen herumhängende Kleidung.

**AUF EINEN BLICK**

- → Keine ungeordneten Papierberge auf dem Schreibtisch liegen lassen.
- → Räume regelmäßig durchlüften.
- → Unterlagen nicht offen liegen lassen.
- → Besucherecke sauber halten.
- → Mäntel und Jacken möglichst in geschlossener Garderobe aufbewahren.
- → Für den Gast optisch ansprechende Gläser und Tassen bereithalten.
- → Keine Getränke, kein Essen auf Unterlagen stehen lassen.

## 1.4 Das Verhältnis von Vorgesetzten und Mitarbeitern

In fast allen Unternehmen im deutschsprachigen Raum gilt eine gewisse Rangfolge, d. h. sie sind hierarchisch strukturiert. Diese Ordnung sollte immer bedacht und respektiert werden. Man geht z. B. mit einem Vorgesetzten nicht in einer ebenso kumpelhaften Weise um, wie man das mit anderen Kollegen vielleicht tun würde. Dieses Verhalten wäre aufgrund der herrschenden Hierarchie unpassend.

**INFO**

Eine allzu lockere Haltung oder nachlässige Kleidung in Gegenwart des Chefs zeugt von wenig Respekt seitens des Mitarbeiters und sollte daher vermieden werden.

### Der Vorgesetzte als Vorbild

Auf der anderen Seite müssen auch Vorgesetzte bestimmte Regeln berücksichtigen, da sie eine gewisse Vorbildfunktion erfüllen. Gerade in einer Führungsposition ist das Beherrschen korrekter Umgangsformen unumgänglich. Einem Mitarbeiter die Tür aufzuhalten, sollte für einen Chef genauso selbstverständlich sein wie ein höflicher und freundlicher Umgangston, der Respekt zum Ausdruck bringt. Nur Mitarbeiter, die sich respektiert und ernst genommen fühlen, sind auch ausreichend motiviert, um gute Arbeit zu leisten. Als unhöflich gilt es weiterhin, in Anwesenheit anderer die Füße auf den Tisch zu legen oder in einer anderen unkorrekten Haltung dazusitzen.

### Interne Kommunikation

Der wohl wichtigste Punkt im Umgang zwischen Vorgesetzten und Mitarbeitern ist die interne Kommunikation. Viele Anweisungen, die von Vorgesetzten erteilt werden, führen nur deshalb zu massivem Unmut bei den Mitarbeitern, weil es innerhalb des Unternehmens an Kommunikation mangelt. Man sollte als Vorgesetzter daher von vornherein darauf achten, dass man sich klar und verständlich ausdrückt. Die Mitarbeiter werden nämlich in den seltensten Fällen von sich aus nachfragen, wenn sie etwas nicht verstanden haben, da sie fürchten, einen inkompetenten Eindruck zu hinterlassen. Um die Motivation der Mitarbeiter zu steigern, empfiehlt es sich auch, getroffene Entscheidungen und Anweisungen ausreichend zu begründen.

**INFO**

**Sind Sie in einer Angelegenheit einmal anderer Ansicht als Ihr Vorgesetzter, sollten Sie Ihre konträre Meinung überlegt und mit sachlichen Argumenten vorbringen. Nur konstruktive Kritik kann für den Arbeitsprozess förderlich sein.**

Beim Erteilen von Anordnungen sollte der Chef immer darauf achten, dass er höflich bleibt und der jeweilige Mitarbeiter sich nicht in irgendeiner Weise herabgesetzt fühlt. Ein „Bitte" oder „Danke" kann da oft kleine Wunder bewirken. Nicht zuletzt sollte man darauf achten, dass man von seinen Mitarbeitern nur etwas verlangt, das auch tatsächlich durchführbar ist. Deshalb sollte man die Anweisungen, die man weitergeben möchte, vorher ausreichend prüfen. Ansonsten kann es zu einer unnötigen Frustration der Mitarbeiter kommen.

**INFO**

**Sollte einmal aus Versehen eine Unhöflichkeit seitens des Chefs vorkommen, so ist dieser genauso angehalten, sich zu entschuldigen, wie jeder beliebige andere Mitarbeiter.**

**AUF EINEN BLICK**

- → Die in einem Unternehmen vorgegebene Rangfolge respektieren.
- → Vorbildfunktion wahrnehmen.
- → Höflichen und freundlichen Umgangston wahren.
- → Auf eine verständliche Ausdrucksweise achten.
- → Nur Anweisungen geben, die tatsächlich durchführbar sind.
- → Entscheidungen und Anweisungen begründen.
- → Bei unhöflichem Verhalten unbedingt entschuldigen.

## 1.5 Missgeschicke

Niemand ist davor gefeit, dass ihm ab und zu ein kleines Missgeschick passiert, wie ein Glas umzustoßen, lautstark zu niesen oder jemanden aus Versehen in irgendeiner Weise zu behindern oder beim Reden zu unterbrechen. Eine Faustregel für diese unangenehmen Situationen gibt es leider nicht. Allerdings sollte man sich auf alle Fälle für derartige Malheure entschuldigen, auch wenn man sie natürlich nicht absichtlich verursacht hat.

**INFO**

**Beachten Sie auch: Man wünscht nur guten Bekannten und Familienmitgliedern oder Arbeitskollegen Gesundheit, wenn sie niesen, aber keinem Fremden oder nahezu Fremden. Das wäre in jedem Fall unangebracht.**

Je nachdem, wie schwer das Missgeschick wiegt, reicht eine Entschuldigung aus, um zur Tagesordnung zurückkehren zu können, oder aber es sind weitere Bemühungen notwendig. Ist jemand in eine unangenehme Lage gebracht worden, die einen irgendwie gearteten Schaden nach sich zieht (z. B. wenn das Glas samt Inhalt auf der Hose des Gegenübers landet), so sollte man sich nicht nur entschuldigen, sondern sich auch darum kümmern, dass der Schaden – soweit möglich – behoben wird (Tuch oder Serviette reichen, anbieten, die Reinigung zu bezahlen etc.). Andererseits sollte man aber auch nicht allzu viel Aufhebens um die Angelegenheit machen, um andere Leute nicht unnötigerweise auf die unerfreuliche Situation aufmerksam zu machen.

**INFO**

**Legen Sie nach einem Missgeschick nie selbst beim anderen Hand an, wenn es darum geht, etwas aufzuwischen, sondern reichen Sie ihm immer nur die Hilfsmittel, um ihm die „Arbeit" zu erleichtern.**

**Ist man selbst Opfer eines Missgeschicks ...**

Es kommt zuweilen vor, dass man nicht durch einen selbst verschuldeten Fauxpas in eine peinliche Situation gerät, sondern durch denjenigen eines anderen. Das geschieht beispielsweise durch Beschimpfungen, Provokationen oder Nachlässigkeiten seiner Mitmenschen. Oft ist es schwierig, auf eine derartige Situation adäquat zu reagieren. Das Beste ist es, sich so schnell wie möglich aus dieser Lage herauszulavieren, indem man z. B. den Raum verlässt oder den anderen zum Gehen auffordert.
Keinesfalls sollte man sich jedoch auf das Niveau des anderen begeben und unverschämt reagieren. Kann man den Raum nicht verlassen, so sollte man dem anderen verbal zu verstehen geben, dass es einem die gute Erziehung verbietet, auf derartige Bemerkungen gleichwertig zu antworten.

In einer ganz anderen Ausgangslage befindet man sich, wenn man es mit Leuten zu tun hat, die durch Mund- oder Körpergeruch unangenehm auffallen. Ob man dies direkt oder indirekt ansprechen sollte, ist von Fall zu Fall zu entscheiden. Eine feste Regel gibt es hierfür nicht. Man darf andere auf solche unerfreulichen Tatsachen aufmerksam machen, muss es aber nicht. Es bleibt jedem selbst überlassen, ob er mit der momentanen Situation weiter zurechtkommt oder nicht.

Wenn man den anderen allerdings darauf anspricht, so sollte man immer höflich bleiben. Es kann durchaus vorkommen, dass der Betroffene sehr ungehalten oder gar unverschämt auf eine Bemerkung hinsichtlich seines Körpergeruchs reagiert. In diesem Fall kann man seine eigene gute Erziehung unter Beweis stellen, indem man nicht ebenso reagiert, sondern höflich bleibt und sich notfalls aus dem Raum oder der unmittelbaren Nähe des anderen entfernt.

Wenn jemandem in Ihrer Umgebung ein kleineres oder größeres Missgeschick geschieht, wie etwa das „Bekleckern" der eigenen Kleidung, dann sollten Sie einfach über diesen Vorfall hinwegsehen, ja gar nicht erst hinsehen. Die leider weitverbreitete Unart des Zuschauens und Sich-Ergötzens an einem Malheur anderer zeugt von ausgesprochen unhöflichem Verhalten. Wenn man selbst nicht unmittelbar von diesem Missgeschick betroffen ist, nimmt man es einfach nicht zur Kenntnis (und sieht dementsprechend auch nicht hin oder redet gar darüber).

Im anderen Fall, also wenn Sie dieser Fauxpas direkt betrifft, indem etwa ein umgestoßenes Glas auf Ihnen landet oder Ihnen jemand unmittelbar ins Gesicht gehustet hat, sollten Sie versuchen, so wenig Aufhebens wie möglich zu machen und trotz allem höflich zu bleiben. Beschimpfungen sind hier absolut fehl am Platze.

## AUF EINEN BLICK

- → **Bei selbst verschuldeten Missgeschicken entschuldigen.**
- → **Notfalls für den Schaden aufkommen.**
- → **Als Opfer eines Missgeschicks kein Aufhebens darum machen und höflich bleiben.**
- → **Als Zielscheibe von Provokationen o. Ä. entweder den Raum verlassen oder den anderen höflich dazu auffordern, sich zu entfernen.**
- → **Bei Missgeschicken anderer nicht hinsehen.**

# Kleine Missgeschicke und Pannen

Petra ist auf dem Weg zu ihrem wichtigsten Kunden. Dabei ist sie schon ganz schön nervös, denn heute soll sie ihr mit äußerster Sorgfalt und Präzision angefertigtes Gutachten abgeben und die sich daraus ergebenden Fragen beantworten. Anschließend wird sich die weitere Zusammenarbeit entscheiden.

Kurz bevor sie sich in der Firma zu Ihrem Ansprechpartner begibt, überprüft sie auf der Toilette noch einmal ihr Make-up. „Na", denkt sie beim Blick in den Spiegel schon etwas selbstsicherer, „das sieht doch gar nicht so schlecht aus!" Als sie sich schließlich bückt, um noch einen kleinen Fleck von ihrem Schuh zu wischen, bleibt sie unglücklicherweise mit dem Verschluss ihrer Uhr an ihren Seidenstrümpfen hängen und – zack! Schon ringelt sich in Windeseile eine große Laufmasche auffällig an der Wade entlang. Petra schießt das Blut in den Kopf, der Puls rast und sie gerät in Panik. Fieberhaft und den Tränen nahe überlegt sie, was zu tun sei, und verlässt schließlich Hals über Kopf das Gebäude.

Der Albtraum einer jeden Frau: eine Laufmasche! Bei wichtigen Terminen kann das wirklich zu äußerst peinlichen Situationen führen – wenn frau sie nicht rechtzeitig bemerkt, um noch Erste-Hilfe-Maßnahmen ergreifen zu können. Dann aber ist eine Laufmasche wirklich kein „Beinbruch" mehr und sollte erst recht nicht zu einer überhasteten Flucht verleiten.

Wie in allen unverhofften Pannensituationen gilt auch hier: Darauf zu reagieren ist natürlich besser, als davonzulaufen. So schwer es auch im ersten Moment fallen mag, nicht in Panik zu geraten, das oberste Gebot heißt: Ruhe bewahren!

Gehen Sie besonnen folgende Möglichkeiten in Gedanken durch: Wenn es eine Rezeption gibt, können Sie sich an die Empfangsdame wenden, die Ihnen bestimmt sagen kann, wo Sie schnell noch ein Paar Ersatzstrümpfe auftreiben können. Vielleicht hat die Dame sogar ein Reservepaar in ihrer Schublade. Ansonsten überlegen Sie, ob Sie einen Supermarkt in der Nähe gesehen haben. Bedenken Sie: Fünf Minuten Verspätung sind bei einem Termin notfalls „drin“. Schließlich kann der Termin ohne Sie nicht stattfinden. Wenn Sie die Möglichkeit einer Verspätung wahrnehmen sollten, versuchen Sie dann aber, möglichst locker und freundlich aufzutreten. Vermeiden Sie es, abgehetzt und schuldbewusst auszusehen.

Im Sommer oder bei warmer Witterung können Sie notfalls die beschädigten Strümpfe ausziehen und mit bloßen Beinen ins Gespräch gehen – auch wenn das ansonsten bei Kundenterminen tabu ist. Das Beste ist allerdings vorbeugende Voraussicht: Nehmen Sie für den Fall der Fälle immer ein zweites Paar Strümpfe mit!

Wenn Sie in eine derart peinliche Situation geraten, versuchen Sie einfach, das Beste daraus zu machen. Mit etwas Geschick können Sie die missliche Lage sogar positiv für sich nutzen: Durch Ihr Missgeschick ist Ihr Gegenüber für einen Moment gezwungen, hinter Ihnen als Geschäftspartner den Menschen „in Not“ zu sehen. Wenn Sie sich natürlich verhalten, kann das ein guter Moment sein, um auf dieser Ebene einen kurzen, persönlicheren Kontakt zu knüpfen und einen neuen, auf Sympathie beruhenden Aspekt ins Spiel zu bringen.

Das heißt aber natürlich auch nicht, dass Sie Ihr Missgeschick theatralisch ausweiten sollen. Handeln Sie am besten so, dass jeder Ihre Bemühungen um effektive Schadensbegrenzung bemerkt, ohne zu dick aufzutragen. Bleiben Sie dabei natürlich. Wenn Sie sich auf diese Weise richtig verhalten, Selbstbewusstsein zeigen, freundlich sind und mit einer Prise Humor auftreten, haben Sie mit Sicherheit keinerlei Nachteile gegenüber Ihren Konkurrenten. Im Gegenteil: Mit der richtigen Reaktion auf Ihr Missgeschick erhalten Sie vielleicht sogar einen Sympathiebonus.

INFO

## 1.6 Weitere Regeln der Höflichkeit

### Von den bekannten „Zauberwörtern"

Schon als Kind haben Sie gelernt, dass man sich für ein Geschenk ordentlich bedankt und, wenn man etwas möchte, nett darum bittet. Hatten Sie versehentlich jemanden gestoßen, wurde von Ihnen eine Entschuldigung erwartet. Diese einfachen Formen des täglichen Umgangs dürfen auch im Berufsleben nicht fehlen. Lieber einmal zu oft „bitte" oder „danke" sagen, als bei Kollegen und Kunden als ungehobelt zu gelten. Auch ein freundliches Lächeln schafft eine angenehmere Atmosphäre und kann gerade in Stresssituationen dafür sorgen, dass Konflikte nicht ausufern.

Entschuldigen sollte man sich allerdings nicht nur, wenn einem ein konkretes Missgeschick passiert ist. Auch vorsorgliches Entschuldigen, etwa wenn man einem Menschen an einer Engstelle des Flurs für kurze Zeit näher kommen muss als üblich, gehört zum guten Ton. Müssen Sie wegen einer äußerst dringlichen Angelegenheit einen Mitarbeiter sprechen, der gerade konzentriert an seinem Schreibtisch arbeitet, sollten Sie sich ihm ebenfalls mit einer Entschuldigung nähern und nicht gleich aufgeregt auf ihn zustürmen. Ist die Bürotür geschlossen, muss man zunächst anklopfen und darauf warten, bis der andere antwortet, auch wenn man es noch so eilig hat. Großraumbüros dürfen allerdings ohne Anklopfen betreten werden. Nähert man sich einem Kollegen, der gerade telefoniert und einem nicht ausdrücklich ein Zeichen gibt, zu bleiben, stellt man sich nicht neben ihn und wartet, bis er das Gespräch beendet hat, sondern kommt besser zu einem späteren Zeitpunkt wieder.

### Pünktlichkeit

Im beruflichen (wie auch im privaten) Leben ist Pünktlichkeit nicht nur eine Tugend, sondern ein absolutes Muss. Da etwa die meisten Ihrer Geschäftspartner ihren Terminplan lange im Voraus genauestens ausklügeln, um effizient und gewinnbringend arbeiten zu können, ist es selbstverständlich, dass auch Sie Ihr Möglichstes dazu beitragen, diesen Terminplan nicht unnötig durcheinanderzubringen.

Erscheint man zu einem Termin unpünktlich, kann das das betreffende Unternehmen eine Menge Geld kosten. Und nicht zuletzt werden die Nerven derer unnötig strapaziert, die man warten lässt.

Unpünktlichkeit gilt generell als Respektlosigkeit gegenüber dem Wartenden. Man sollte daher Fahrzeiten mit der Bahn, dem Bus oder dem Auto (Parkplatzsuche!) großzügig einplanen, um trotz möglicher Hindernisse stets pünktlich zu sein. Kommt man entgegen aller Planungen doch einmal zu spät, gehört eine Entschuldigung zum guten Ton. Weiß man jedoch bereits vorher, dass man einen Termin nicht einhalten kann, ist es eine Sache der Höflichkeit, dem Betreffenden rechtzeitig Bescheid zu geben.

**INFO**

**Wenn Sie zu den Menschen gehören, die meinen, dass ein paar Minuten Verspätung gepaart mit einem großen Auftritt dazugehören, muss man Ihnen mit Bestimmtheit sagen, dass dieses Verhalten im Berufsleben äußerst ungeschickt ist.**

Auch hinsichtlich Ihrer geschäftlichen Korrespondenz sollten Sie auf Pünktlichkeit achten. Versuchen Sie, Briefe, besonders aber Faxe und E-Mails umgehend zu beantworten. Ist dies aus irgendeinem Grund einmal nicht möglich, sollten Sie zumindest einen kurzen Zwischenbescheid schicken, damit der Absender weiß, dass sein Schreiben angekommen ist und bearbeitet wird.

### Rauchen

Auch das passive Rauchen gefährdet die Gesundheit. Für viele Menschen stellt es zudem eine ausgesprochene Belästigung dar. Andererseits muss man einsehen, dass es sich beim Rauchen um eine Sucht handelt, die viele Betroffene nicht so einfach unterdrücken können.

Aus diesen Gründen ist es notwendig, innerhalb des Unternehmens Kompromisse zu finden, die beide Seiten zufriedenstellen – wobei der Nichtraucherschutz jedoch klar Vorrang hat.

Manche Betriebe haben eigene Raucherräume, in anderen gilt ein generelles Rauchverbot. In Betrieben mit speziellen Raucherräumen ist das Rauchen außerhalb dieser generell untersagt – das gilt auch für die Toiletten.

**INFO**

**Um bei Meetings oder Konferenzen ein konzentriertes Arbeiten über eine längere Zeitspanne hinweg aufrechtzuerhalten, empfiehlt es sich, zwischendurch kurze Rauchpausen einzulegen.**

Man sollte Kollegen oder Besucher, die nicht rauchen, generell fragen, ob es ihnen etwas ausmacht, wenn man sich in ihrer Gegenwart eine Zigarette ansteckt, auch wenn man sich in Räumlichkeiten befindet, in denen das Rauchen grundsätzlich erlaubt ist. Spezielle Raucherräume müssen immer gut durchgelüftet und die Aschenbecher regelmäßig geleert werden.

Während eines Geschäftsessens sollte man beim Einnehmen der Speisen das Rauchen unterlassen (auch zwischen den einzelnen Gängen).

## AUF EINEN BLICK

- → **Unpünktlichkeit gilt als Unhöflichkeit gegenüber dem Wartenden.**
- → **Zeit für Parkplatzsuche einplanen.**
- → **Generelle Rauchverbote strikt einhalten.**
- → **Rücksichtnahme auf nicht rauchende Gäste und Mitarbeiter nicht vergessen.**
- → **Bei Konferenzen regelmäßige Rauchpausen einplanen.**

# 2. Sicheres Auftreten

## 2.1 Das äußere Erscheinungsbild

**Körperpflege und Hygiene**

Andere Menschen merken es meist zuerst, wenn man Gefahr läuft, unangenehm aufzufallen, beispielsweise durch Körpergeruch. Deshalb ist es sowohl für das Berufs- als auch für das Privatleben wichtig, seinen Körper zu pflegen. Unangenehm wirkt auch Mundgeruch. Mehrmaliges Zähneputzen am Tag und Mundspray sowie entsprechende Pastillen tun allerdings ihre Wirkung. Weiterhin sollte man Speisen mit Knoblauch oder Zwiebeln vermeiden, um andere nicht durch diesen spezifischen Geruch zu belästigen.

Gegen Körpergeruch nimmt man ein Deodorant, das so lange wirken sollte, wie man sich unter Menschen befindet. Regelmäßiges Waschen und Duschen gehört ebenso zur Körperpflege wie das Haarewaschen und auch das Eincremen rauer Hände. Gepflegte Hände und Fingernägel sind eine wichtige Voraussetzung für ein ansprechendes Erscheinungsbild, deshalb sollte man auf deren Pflege auch besonders achten (kein Fingernägelkauen, bei Frauen kein abgesplitterter Nagellack). Männer sollten außerdem auf einen gepflegten Bart achten, sofern sie einen tragen.

**INFO**

**Verstauen Sie ein Täschchen mit Deo, Handcreme, Zahnputzzeug und sonstigen Basispflegemitteln in Ihrer Schreibtischschublade, dann können Sie sich, wann immer nötig, auf der Toilette frisch machen.**

**Die richtige Kleidung im Beruf**

Korrekt angezogen zu sein, bedeutet in jedem Beruf etwas anderes. Für manche Sparten gibt es Uniformen beziehungsweise spezielle Berufskleidung (Militär, Polizei, Krankenhaus usw.); in diesen Branchen braucht man sich über die Art der Kleidung keine Gedanken zu machen, sie ist vorgeschrieben.

In anderen Berufszweigen gibt es zwar auch gewisse Kleidervorschriften, diese sind jedoch selten konkret beschrieben.

Es handelt sich dabei eher um eine stillschweigende Übereinkunft innerhalb der Branche, die Neueinsteiger nicht ignorieren sollten. So dominiert im Bankenmetier bekannterweise ein eher klassisch-konservativer Kleidungsstil. Das bedeutet, dass man einige Standards zu beachten hat, will man korrekt gekleidet sein und damit Eindruck machen.

**INFO**

**Gibt ein Unternehmen exakte Kleidervorschriften heraus, ist es ein Kündigungsgrund, wenn diese von einem Mitarbeiter nicht eingehalten werden.**

Egal, welche Kleidervorschriften in Ihrem Berufszweig herrschen oder ob vielleicht gar keine existieren, oberste Regel sollte immer sein, dass Ihre Garderobe sauber und ordentlich ist. Frisch gewaschene, gut gebügelte und unbeschädigte Kleidung muss eine Selbstverständlichkeit sein – genauso wie geputzte Schuhe ohne bereits abgetretene Absätze. Vergessen Sie auch nicht, regelmäßig Ihre Brillengläser von Staub zu befreien.

In den meisten Berufen muss man die Kleidung selbst auswählen. Meist wird zwar allein durch die Branche, in der das Unternehmen tätig ist, eine gewisse Richtung vorgegeben, allerdings gibt es in den wenigsten Fällen eine konkrete Kleidervorschrift, an der man sich orientieren kann. Dann gilt es in besonderem Maße, Fingerspitzengefühl zu beweisen. Je nachdem, welcher Stil in der jeweiligen Berufssparte üblich ist (modern, konservativ, locker-leger), wählt man sich seine Kleidung entsprechend aus. Jedoch ist in fast allen Berufen (mit wenigen Ausnahmen) dezente und nicht übertrieben modische Kleidung gern gesehen.

**INFO**

**Machen Sie sich Gedanken darüber, was Sie mit Ihrer Kleidung widerspiegeln möchten. Richtig gekleidet ist schon halb gewonnen, wenn man im Beruf vorankommen möchte.**

**Korrekte Kleidung für die Frau**
Für Frauen heißt das: entweder ein schicker, gut passender Hosenanzug, ein dezentes Kleid oder ein Kostüm. Trägt man einen Rock oder ein Kleid, dann sind Strumpfhosen angeraten, Sommer wie Winter. Bei Blusen ist darauf zu achten, dass sie – zumindest kurze – Ärmel haben und kein allzu tiefes Dekolleté. Auch zu dünne Träger an Kleidern (Spagettiträger), durchsichtigen Stoff und unpassendes Schuhwerk sollte man vermeiden. Freizeitbekleidung (Jeans, T-Shirt, Leggings usw.) haben in einem Beruf, der korrekte Kleidung verlangt, nichts zu suchen.

Frauen sollten, wenn sie im Berufsleben Erfolg haben wollen, insgesamt darauf achten, dass sie sich nicht zu weiblich kleiden, sondern eher sachlich-elegant. Außerdem ist es wenig angebracht, im Arbeitsalltag reichlich Schmuck anzulegen; ein bis zwei Ringe und eine Uhr beispielsweise genügen vollkommen. Falls man ein Piercing oder Tattoo hat, sollte man es im Beruf wenn möglich nicht tragen bzw. verdecken, denn in gewissen Branchen steht man dieser Art von Schmuck kritisch gegenüber.

**Parfum und Make-up**
Parfum am Tag zu benutzen, ist übertrieben. Es ist einzig und allein für den Abend gedacht. Tagsüber sollten Frauen nur Eau de Toilette, Eau de Cologne oder Eau de Parfum verwenden.

**INFO**

**Gehen Sie in jedem Fall mit jeder Art von Duftwasser sparsam um, denn ein allzu starker Duft kann genauso unangenehm sein wie schlechter Körpergeruch. Dies gilt für Frauen und Männer gleichermaßen.**

Auch Kosmetika sollte eine Frau untertags nur sparsam verwenden. Etwas Schminke ist durchaus erlaubt, in manchen Branchen auch erwünscht, allerdings nur ein „Tages-Make-up“. Um nicht zu viel aufzutragen, sollte man sich immer in einem Raum schminken, der viel Tageslicht hereinlässt. Denn bei schwachem Licht wirkt Make-up viel unauffälliger, als es tatsächlich ist. Daher darf man sich am Abend auch etwas stärker schminken.

**Korrekte Kleidung für den Mann**

Bei Männern sind die Regeln nicht weniger kompliziert, als sie es bei den Frauen sind. Je nach Geschmack und Mode empfiehlt sich das Tragen eines Anzugs oder einer Kombination mit einer nicht zu grellen Krawatte. Das Hemd kann durchaus in einem moderneren Stil gehalten sein, Manschettenknöpfe sind schon länger keine Pflicht mehr. Die Schuhe sollten immer passend (hellere Schuhe nur zu einem helleren Anzug, braune Schuhe nur am Tag) und geputzt sein.

Wie bei den Damen hat auch bei den Herren in allen Branchen, in denen formelle Kleidung verlangt ist, Freizeitkleidung nichts zu suchen. Das bedeutet, dass Sandalen, Turnschuhe, Flipflops, selbst gestrickte Socken oder Tennissocken, kurze Hosen, Jeans, Baggy Pants, Achselshirts und T-Shirts tabu sind. Auch durch Geldbeutel, Schlüsselbund oder lose Münzen ausgebeutelte Taschen wirken nicht gerade vornehm.

**INFO**

**Der größte Fauxpas, den man immer wieder beobachten kann, ist das Tragen von weißen oder farbigen Socken (etwa Tennissocken) in Kombination mit einer feinen, gar schwarzen Hose. Man sollte daher immer darauf achten, dass auch die Socken in Farbe (meist schwarz) und Stil zur übrigen Kleidung passen.**

Beim Schmuck sollte man auf möglichst dezente Stücke achten und sich stets an das bekannte Motto „weniger ist mehr“ halten. Eine Uhr, maximal zwei Ringe, eventuell noch Manschettenknöpfe und eine Krawattennadel sind vollkommen ausreichend. Ohrringe werden in einigen Berufssparten bei Männern nicht gerne gesehen.

**Festliche Anlässe**

Es gibt die verschiedensten Anlässe, zu denen man einladen oder eingeladen werden kann. Genauso zahlreich sind auch die Möglichkeiten, sich für diese Anlässe zu kleiden. Daher ist es nicht immer ganz einfach, weder „underdressed“ noch „overdressed“ auf Feiern zu erscheinen.

Um Missverständnisse von vornherein zu vermeiden, fügen viele Gastgeber auf der Einladung einen Vermerk ein, in dem sie auf die bei der Festlichkeit gewünschte Art von Kleidung hinweisen. Einige Gastgeber bitten auch mündlich um Einhaltung eines gewissen Dresscodes. Dabei wird immer vorgegeben, was der Mann auf der Feier anzuziehen hat; die Frau passt sich dann im Kleidungsstil ihrem Partner an.

**INFO**

**Als Grundregel gilt hierbei immer: Die Gastgeber haben das Recht, den Stil ihrer Feier vorzugeben, und die Gäste haben sich an diesen zu halten.**

Den Stresemann, einen Anzug, zu dem ein schwarzes Jackett (Einreiher) mit einer schwarz-grau gestreiften Hose gehört, trägt man nur tagsüber. Dazu zieht man immer ein weißes Hemd mit grauer Weste und eine Krawatte an (grau oder silberfarben). Nach Belieben kann der Anzug noch durch eine Krawattennadel „verfeinert" werden.

Der „Cutaway" (Cut), auch eine spezielle Anzugart, ist noch etwas feiner als der Stresemann, aber ebenfalls ausschließlich für den Tagesgebrauch gedacht. Das Jackett (Einreiher) ist schwarz und vom Schnitt her angeschrägt (von vorne nach hinten), die Hose allerdings ist die gleiche wie beim Stresemann. Ein weißes Hemd und Manschettenknöpfe sind Pflicht, dazu kommt noch eine graue Weste und eine weiß gemusterte oder graue bis silberfarbene Krawatte (wahlweise kann man auch zu einem Plastron – breite Seidenkrawatte – greifen). Den Cut sieht man heutzutage nur noch sehr selten, am ehesten wohl bei staatlichen Ereignissen, also hochoffiziellen Begebenheiten.

Der Smoking ist gewissermaßen das Gegenstück zum Cut – er wird nämlich nur am Abend getragen (ab 19.00 Uhr). Das Jackett eines Smokings zeichnet sich durch einen Satinkragen oder ein Satinrevers aus, die Hose ist an der Seite ebenfalls mit einem Seidenstreifen verziert. Das Hemd, das immer weiß sein muss, kann ebenfalls verziert sein. Dazu trägt man einen Kummerbund und eine schwarze Fliege oder aber eine Weste und eine Fliege, die aus dem gleichen Stoff geschneidert wurden. Normalerweise trägt man einen Smoking in dunklen Farben, allerdings ist es im Sommer auch möglich, das dunkle Jackett durch ein weißes zu ersetzen (das sogenannte Dinnerjacket). Allerdings muss man dazu dann eine dunkle Schleife und ein helles Smokinghemd tragen.

Der „Business Suit" wird v. a. im beruflichen Alltag getragen, er kann dunkel, hell oder farbig sein und wird mit einem Hemd und einer beliebigen, nicht zu auffälligen Krawatte getragen.

Ein dunkler Anzug zeichnet sich dadurch aus, dass er im Gegensatz zum „Business Suit" immer dunkelfarben ist und daher auch etwas eleganter wirkt. Er wird meist mit einem weißen Hemd (kann auch andersfarbig sein, dann aber dezent) und einer Krawatte getragen. Bei allen dunklen Anzügen sind unbedingt dunkle Socken und Schuhe anzuraten. Braune Schuhe dürfen nur zu einem hellen Anzug und dann auch nur am Tag getragen werden. Außerdem sollten die Schuhe immer sauber sein.

**INFO**

**Wenn sich auf einer Feier ein Mann im Smoking und ein Mann im Stresemann oder Cut begegnen, ist einer falsch gekleidet. Die goldene Regel lautet nämlich: Cut oder Stresemann am Tag, Smoking nur am Abend!**

Frauen sollten sich, wie bereits erwähnt, immer dem Stil des Herrn anpassen. Was genau sie tragen, bleibt ihnen überlassen. Allerdings sollten Frauen bei allen feierlichen Anlässen darauf achten, dass sie dezent und elegant und nicht zu extravagant und auffällig gekleidet sind.

Bei gehobenen bzw. offiziellen Feiern sollten Männer stets darauf achten, dass das Jackett anbehalten werden muss, die Krawatte nicht gelockert werden darf und der oberste Knopf des Hemds immer geschlossen bleibt. Auch der Gürtel darf nach dem Mahl selbstverständlich nicht gelockert werden.

**INFO**

**Bei allen offiziellen Veranstaltungen muss das Jackett bei jeder Temperatur anbehalten werden.**

Das Jackett darf nur abgelegt werden, wenn der Gastgeber die Gäste bereits am Eingang dazu auffordert, beispielsweise weil es an diesem Tag besonders warm ist. Dies ist allerdings nur bei etwas lockereren Zusammenkünften erlaubt.

## AUF EINEN BLICK

- → Unangenehmen Körper- oder Mundgeruch vermeiden.
- → Haare, Hände und Nägel pflegen.
- → Bei Männern: Bart pflegen.
- → Am Tag nur sparsam Make-up verwenden.
- → Nicht zu viel Parfum verwenden.
- → Saubere und ordentliche Kleidung tragen.
- → Formelle Kleidung sollte immer dezent, elegant und nicht übertrieben modisch sein.
- → Bei Damen: Hosenanzug, dezentes Kleid oder Kostüm
- → Bei Herren: Anzug, Krawatte, Hemd, keine Sportsocken.
- → Saubere Schuhe tragen.
- → Freizeitkleidung ist tabu.
- → Der Gastgeber gibt die Kleiderordnung vor; Einladungsschreiben beachten.
- → Stresemann und Cut werden tagsüber getragen, Smoking am Abend.
- → Zum dunklen Anzug gehören dunkle Socken.
- → Am Tag wird weniger Schmuck getragen als am Abend.
- → Bei offiziellen Anlässen richtet sich die Frau im Kleidungsstil nach ihrem Begleiter.

## 2.2 Die Stimme

Wie Sie auf andere wirken, hängt zu einem nicht geringen Teil von Ihrer Stimme ab. Im Allgemeinen lässt sich sagen, dass eine tiefe Stimme angenehmer wirkt als eine hohe oder gar schrille. Doch nicht nur das: Sie vermittelt den meisten Menschen auch größeren Sachverstand und Vertrauen. Ferner wird sowohl eine sehr laute als auch eine extrem leise Stimme als unangenehm empfunden.

Doch keine Angst, die Idealstimme lässt sich durchaus antrainieren. Es gibt bestimmte Stimm- und Atemübungen, durch die Sie mit der Zeit mehr Tiefe gewinnen können. Auch sollte man sich Tag für Tag dazu zwingen, die eigene Sprechlautstärke zu regulieren. Lassen Sie sich ruhig von einem vertrauten Kollegen von Zeit zu Zeit darauf aufmerksam machen, wenn Sie zu laut oder zu leise gesprochen haben.

Vor allem bei offiziellen Konferenzen in einem größeren Kreis sollten Sie darauf achten, sich deutlich und für alle Anwesenden verständlich zu artikulieren. Viele Menschen neigen in einer derartigen Situation dazu, von Satz zu Satz leiser zu sprechen, besonders wenn sie sich unsicher sind, ob das, was sie sagen, auf Zustimmung stößt. Andere hingegen werden in Diskussionen schnell laut und hektisch, was sie bei ihren Gesprächspartnern leicht als unsachlich und allzu emotional erscheinen lässt.

**INFO**

**Wenn Sie bei einem Vortrag über Mikrofon sprechen müssen, sollten Sie im Vorfeld eine kurze Sprechprobe machen, um Lautstärke und Tiefe Ihrer Stimme an diese ungewohnte Situation anzupassen.**

Nicht nur die Lautstärke Ihrer Stimme ist wichtig, sondern auch die Deutlichkeit Ihrer Aussprache – auch sie lässt sich jedoch trainieren. Versuchen Sie in geschäftlichen Besprechungen, Ihre dialektale Färbung weitestgehend zurückzunehmen, und zwingen Sie sich, die Endsilben nicht zu verschlucken. Nuscheln sollte unbedingt vermieden werden.

Überzeugendes Sprechen hängt nicht zuletzt auch von der richtigen Atmung ab. Mit der Bauchatmung – auch Zwerchfellatmung genannt – können Sie mehr Luft einsaugen und somit wichtige Argumente in einem Guss und nicht durch mehrmaliges Luftholen unterbrochen vorbringen. Damit wirken Sie auf Ihre Zuhörer wesentlich überzeugender.

**INFO**

**Im Gegensatz zur Brustatmung, bei der sich mit dem Einatmen die Schultern leicht heben, wölbt sich bei der Bauch- oder Tiefenatmung der Bauch beim Luftholen nach außen. Legen Sie Ihre Hand beim Einatmen flach auf den Bauch, so können Sie kontrollieren, welche Art der Atmung Sie gerade ausführen.**

Auch sollten Sie immer durch die Nase einatmen, so bewahren Sie Ihre Stimmbänder vor der kühlen und trockenen Außenluft, die die Stimme unter Umständen schnell rau werden lässt.

## 2.3 Die Körpersprache

Sprechen ist ein bewusster Akt. Bestimmte körperliche Vorgänge, die den Sprechakt unterstreichen – Mimik, Gestik und Körperhaltung – laufen dagegen eher unbewusst ab. Sie tragen jedoch wesentlich dazu bei, wie wir auf andere Menschen wirken. Sie entscheiden oft den ersten Eindruck und sind ausschlaggebend für die Sympathie oder Antipathie, die wir jemandem gegenüber empfinden.

Wichtig ist auch der Blick, mit dem man seinem Gegenüber bzw. einem größeren Auditorium begegnet. Der gerade Blick beispielsweise, der aus voll zugewendetem Gesicht auf den Partner gerichtet ist, verspricht Offenheit und die Bereitschaft zu direkter Auseinandersetzung. Er drückt Interesse für die Sache oder die Person aus. Sind die Augen aber gleichzeitig weit geöffnet, verbirgt sich dahinter meist ein stiller Vorwurf.

Ein in die Ferne gerichteter Blick verrät oft, dass der Betreffende nicht wirklich am gegenwärtigen Gespräch interessiert ist. Geht dieser Blick förmlich durch den Partner hindurch ins Unendliche, dann kann das bei jenem große Verunsicherung hervorrufen. Sind die Augen verengt, so ist meist Misstrauen im Spiel. Ist der Kopf gesenkt und kommt ein Blick von unten, so ist dies ein typisches Zeichen der Unterwürfigkeit und Demut.

Gerade im Berufsleben wird immer mehr erwartet, dass man eine gute Körperhaltung vorweisen kann. Das bedeutet, dass man die Hände bei Gesprächen nicht in den Hosentaschen verschwinden lässt (respektlose Geste), die Arme nicht verschränkt (Abwehrhaltung) und die Beine nicht breit und lässig von sich streckt oder einen Fuß auf das Knie des anderen Beines legt (flegelhaftes Verhalten). Der Oberkörper sollte sich immer in einer aufrechten Position befinden (keine hängenden Schultern) – egal, ob im Sitzen oder Stehen.

**INFO**

**Denken Sie daran, dass die schelle Gewichtsverlagerung von einem Bein auf das andere meist ein Zeichen von Unentschlossenheit ist.**

Herren dürfen im Stehen durchaus die Beine etwas weiter auseinander stellen als Frauen, allerdings nicht zu weit. Zwischendurch können die Arme auch einmal im Stehen verschränkt werden, aber nur, wenn diese Geste nicht allzu lange andauert. Einen überaus schlechten Eindruck macht es, wenn man im Sitzen den Kopf mit der Hand abstützt. Frauen sollten außerdem im Stehen nie die Hände vor dem Bauch falten. Beim Reden zu wild mit den Händen/Armen zu gestikulieren, wirkt nicht lebendig, sondern unbeholfen. Im Sitzen werden die Knie immer geschlossen, um Blicke unter den Rock oder das Kleid zu vermeiden, oder es werden die Beine übereinandergeschlagen.

**INFO**

**Machen Sie sich zwischendurch immer wieder Ihre Körperhaltung bewusst. Strahlen Sie noch Aufmerksamkeit auf Ihren Gesprächspartner aus und wirken Sie noch aufnahmefähig?**

Legen Sie sich einen dynamischen Gang zu, das wirkt zielsicher und entschlossen. Schleppende Schritte werden Ihnen leicht als Antriebsschwäche ausgelegt.

Auch die Art des Händedrucks kann einiges über Ihre Persönlichkeit und Ihre Absichten aussagen. Achten Sie daher in Zukunft darauf, in welcher Weise Sie einem Geschäftspartner die Hand reichen bzw. wie Ihre Hand von Ihrem Gegenüber ergriffen wird.
Ein spontaner und scheinbar herzlicher Händedruck vermittelt oft ein gewisses Besitzverlangen. Auf Ähnliches kann eine allzu lang festgehaltene Hand hinweisen, außer es soll dadurch Mitgefühl ausgedrückt werden. Einem solchen Händedruck begegnet man normalerweise bei Menschen, die genau wissen, was sie wollen, die ein festes Ziel vor Augen haben.
Genaue Vorstellungen haben allerdings auch Personen, deren Händedruck eher starr wirkt, sodass Sie Ihre Hand anpassen müssen: In diesem Fall wird höchstwahrscheinlich auch in anderen Punkten Anpassung von Ihnen erwartet. Ein lascher Händedruck, bei dem man das Gefühl hat, nichts in der Hand zu haben, lässt hingegen auf wenig eigenen Willen schließen.

Insgesamt muss man allerdings sagen, dass wir eine solch große Variationsbreite unterschiedlicher Händedrücke empfangen, dass man nicht jeden einzelnen zweifelsfrei deuten kann. Beobachten Sie diese Geste daher immer in Zusammenhang mit anderen Elementen im Verhalten Ihres Gegenübers, wie etwa seiner Mimik oder Körperhaltung.

## AUF EINEN BLICK

- → **Immer auf die Blickrichtung des Gesprächspartners achten.**
- → **Auf einen aufrechten und dynamischen Gang achten.**
- → **Beine nicht breit und lässig von sich strecken.**
- → **Beim Sprechen Hände aus der Tasche nehmen und vermeiden, die Arme zu verschränken.**
- → **Für Frauen: Knie geschlossen halten, wenn Kleid oder Rock getragen wird.**
- → **Achten Sie auf Ihren eigenen Händedruck sowie auf denjenigen Ihres Gegenübers.**

# Stilsicher Reden halten

Im Berufsleben kann es häufig vorkommen, dass Sie vor vielen Menschen eine Rede halten müssen. Um eine solche Rede stilsicher über die Bühne zu bringen, sollten Sie auf Folgendes achten:

- Gegen Nervosität hilft vor allem Übung. Zu Beginn Ihrer Rede sollten Sie einen hektischen Einstieg vermeiden, indem Sie nicht abgehetzt erscheinen. Sprechen Sie ruhig und langsam, machen Sie Pausen und wiederholen Sie das eine oder andere, bis sich die anfängliche Nervosität gelegt hat und Sie zur Ruhe kommen.
- Wenn Sie während der Rede einmal den Faden verlieren sollten, bleiben Sie ruhig, freundlich und lächeln Sie. Machen Sie eine kurze Pause, atmen Sie durch und nehmen Sie den Faden wieder auf. Wenn Sie das zuletzt Gesagte zusammenfassen, fällt Ihnen schnell wieder ein, wie es weitergeht. Zur Not können Sie auch Rückmeldung oder Hilfe von den Teilnehmern einfordern.
- Zu Ihrem „Aussetzer" zu stehen, macht Sie menschlich, lockert auf und kann sogar die Zuhörer aktivieren, die vielleicht schon ein wenig abgeschaltet haben.
- Eine Gliederung auf einer Karteikarte ist eine gute Gedankenstütze und kann Ihnen dabei helfen, schnell den Anschluss wiederzufinden.
- Sollte die Technik, wie etwa der Laptop, versagen, machen Sie natürlich trotzdem weiter. Lassen Sie einen Fachmann kommen, oder fragen Sie, ob einer der Teilnehmer sich auskennt. Machen Sie einen kleinen Scherz zur Überbrückung.
- Sollte es länger dauern, können Sie entweder eine Pause einfügen oder mit verbalen Beschreibungen und Ausführungen oder mit Hilfsmitteln wie einer Tafel oder einem Flipchart improvisieren.
- Wenn möglich, sollten Sie vorsichtshalber Kopien oder Ähnliches vorbereiten.

INFO

# 3. Kommunikation

## 3.1 Regeln der Gesprächsführung

Das gesprochene Wort ist eines der wichtigsten Kommunikationsmittel und sollte daher im Zusammenhang mit modernen Umgangsformen besonders beachtet werden. Bei Gesprächen geht es zudem nicht nur darum, was man sagt, sondern wichtig ist auch, wie man es sagt. Es spielen also der Ton, der Klang, die Lautstärke und die Stellung der Wörter innerhalb eines Satzes eine Rolle. Spricht man einen Satz beispielsweise in einem ruhigen Ton, so bekommen die Worte eine andere Bedeutung, als wenn sie laut oder hektisch ausgesprochen werden.

Gerade bei Menschen, mit denen man noch nicht vertraut ist, muss man besonders auf die Gesprächsführung achten, da sonst allzu leicht Missverständnisse entstehen können. Dazu gehört auch, dass man sich über die Wortwahl Gedanken macht, um niemanden zu beleidigen (so gilt z. B. das Wort „Weiber“ Frauen gegenüber als Schimpfwort).

Das oberste Gebot der Höflichkeit in puncto Kommunikation ist es, den anderen ausreden zu lassen. In Ruhe zuhören zu können, ist eine Eigenschaft, die man gar nicht hoch genug schätzen kann. Auch sollte man – bei einem Empfang etwa – sich nicht in ein angeregtes Gespräch hineindrängen.

Das persönliche Gespräch ist eine sensible Angelegenheit – übersehen Sie also nicht die dezenten Signale Ihres Gesprächspartners, wie etwa einen leicht ablehnenden Gesichtsausdruck, der signalisieren soll, dass er an der Fortführung des Gesprächs nicht interessiert ist.

**INFO**

**Um zu prüfen, ob man eventuell irgendwelche unschönen Angewohnheiten beim Sprechen hat, bestimmte Floskeln ständig verwendet oder unzählige „Ähs“ einfließen lässt, nimmt man am besten einmal ein Gespräch auf.**

Während der Unterhaltung sollten Sie immer darauf achten, den Gast mit seinem Namen anzusprechen. Außerdem sollte man sich am Gespräch immer möglichst interessiert zeigen und ab und zu lächeln (nicht grinsen, das wäre unhöflich) – jeder unterhält sich schließlich lieber mit einem freundlichen, entspannten Menschen.

**INFO**

**Eine Unterbrechung ist immer eine unhöfliche Geste, für die man sich entschuldigen muss.**

Doch vergessen Sie auch nicht, Ihr Gegenüber immer ausreden zu lassen. Es zeugt von ausgesprochener Unhöflichkeit, seinem Gesprächspartner ins Wort zu fallen, auch wenn man bereits zu wissen meint, was er als Nächstes sagen will. Beachten Sie diese Regel unbedingt, um das Gespräch in eine positive Richtung zu lenken!

Nicht immer geht es in einem persönlichen Gespräch um den Austausch wichtiger Informationen. Auch geschäftliche Treffen beginnen meist mit Small Talk, der dazu beiträgt, vorhandene Barrieren und Unsicherheiten abzubauen. Doch auch diese lockere Form des Gesprächs über Themen, die nicht den geschäftlichen Sektor betreffen, will geübt sein. Man sollte im Vorfeld immer überlegen, welche Themenbereiche sich als Anknüpfungspunkte eignen. Durch Zeitungslektüre und Beobachtung der kulturellen Szene finden Sie mit Sicherheit ein paar unverfängliche Themen.

## AUF EINEN BLICK

- → **Beim Sprechen auf Wortwahl, Tonfall, Klang und Lautstärke achten.**
- → **Gesprächspartner stets mit Namen ansprechen.**
- → **Gesprächspartner immer ausreden lassen.**
- → **Angenehme Gesprächsatmosphäre schaffen.**
- → **Einen möglichst interessierten Eindruck machen.**
- → **Mit Small Talk einleitend eine entspannte Gesprächsatmosphäre schaffen.**

## Benimmregeln für Meetings

Meetings sind wichtige Geschäftstermine, bei denen auf einiges zu achten ist, um gutes Benehmen zu garantieren:

- Seien Sie pünktlich. Sie sollten den Weg, den Sie bis zu dem Veranstaltungsort des Meetings zurücklegen müssen, zeitlich großzügig berechnen und außerdem Zeit für die Parkplatzsuche sowie einen Check im Waschraum einrechnen.
- Schalten Sie Ihr Handy aus. So vermeiden Sie unnötige und peinliche Störungen.
- Rekapitulieren Sie, was Sie über die anderen Teilnehmer und deren Ziele wissen.
- Bereiten Sie sich auf die Themen und Inhalte der Vorträge möglichst gut vor. Ist das Vortragsthema den Zuhörern bereits bekannt, können sie leichter folgen und mehr behalten.
- Prüfen Sie Ihre Unterlagen auf Vollständigkeit und nehmen Sie sie mit zum Meeting. Auch Ihre Visitenkarten sollten Sie nicht vergessen.

Wenn Sie selbst der Vortragende sind, dann nehmen Sie sich folgende Punkte zu Herzen:

- Überlegen Sie sich das Ziel Ihres Vortrags und vor allem auch, wie Sie Ihre Zuhörer – nicht nur akustisch – am besten erreichen.
- Gehen Sie didaktisch vor und konzipieren Sie einen Spannungsbogen: Beginnen Sie mit den wichtigsten Ergebnissen, stellen Sie eine rhetorische Frage nach dem dorthin führenden Weg, schildern Sie dann den Arbeitsprozess und legen Sie zuletzt die Ergebnisse ausführlich dar. Halten Sie sich an diesen roten Faden, um nicht vom Thema abzuweichen.
- Setzen Sie außerdem Mittel zur Visualisierung ein, die das Interesse der Teilnehmer zusätzlich wecken (Powerpoint, Unterlagen für alle etc.).

INFO

- Geben Sie den Zuhörern möglichst das Gefühl, persönlich angesprochen zu sein, indem Sie den Blickkontakt suchen und die Zuhörer direkt ansprechen.

Meetings haben immer einen sozialen Aspekt: Man sieht sich, man tauscht sich aus und die Motivation der Mitarbeiter sowie ihre Identifikation mit der Firma können gefördert werden. Insbesondere, wenn es Ihnen als Organisator gelingt, eine positive Atmosphäre zu schaffen. Wenn Sie ein Meeting selbst organisieren, ist Folgendes wichtig:

- Bereiten Sie vom Inhalt bis zum Raum (Bestuhlung, Häppchen und Getränke je nach Länge des Meetings und Anzahl der Teilnehmer) das Meeting gewissenhaft vor.
- Verteilen Sie schon zwei bis drei Tage vorher eine Agenda, damit sich jeder Teilnehmer vorbereiten kann.
- Formulieren Sie das Ziel des Meetings klar und deutlich: Am besten visualisieren Sie es, z. B. auf einem Flipchart.
- Legen Sie einen Zeitrahmen fest und halten Sie ihn ein.
- Rufen Sie nur jene Mitarbeiter ins Meeting, die Sie wirklich brauchen.
- Wenn Sie externe Besucher haben, stellen Sie sich zur Begrüßung vor. Nennen Sie dabei Ihren Namen gut verständlich und überreichen Sie jedem Teilnehmer Ihre Visitenkarte.
- Planen Sie Pausen ein.
- Auch sachliche Themen vertragen hin und wieder ein freundliches Lächeln des Vortragenden. Aber Vorsicht: Dauerlächeln wirkt unehrlich.
- Für Wortmeldungen oder auch eine anschließende Diskussion gilt: Lassen Sie alle Gesprächsteilnehmer immer ausreden. Das ist nicht nur eine Frage der Höflichkeit, sondern Sie sind auch nur dann in der Lage, alle Argumente exakt zu erfassen. Steuern Sie den Diskussionsverlauf.
- Für eine optimale Nachbereitung empfiehlt es sich, die Ergebnisse mitzuschreiben. Am besten lassen Sie ein Protokoll verfassen und für alle Teilnehmer vervielfältigen.

INFO

## 3.2 Telefonieren

Das Image eines Unternehmens hängt ganz stark vom ersten Eindruck ab, den der Kunde oder Geschäftspartner bekommt. Dieser wird sehr oft über das Telefon vermittelt. Die verbale Kommunikation erhält hier eine ganz andere Bedeutung als beim persönlichen Gespräch, da man weder mit Gestik und Mimik noch mit anderen Kommunikationsmitteln arbeiten kann. Deshalb spielt bei einem Telefonat das einzelne Wort eine umso größere Rolle. Es ist daher notwendig, bei der Formulierung seiner Sätze erhöhte Vorsicht walten zu lassen. Sonst kann es leicht zu vermeidbaren Missverständnissen kommen.

Möchte man in einer ausländischen Firma anrufen, sollte man stets die sogenannten Tabuzeiten beachten, d. h. man erkundigt sich vorher genau, welche Ruhezeiten in dem entsprechenden Land eingehalten werden.

Dann gelten – wie überall – folgende Kriterien: Zuerst nennt man seinen Namen, dann die Firma und hängt ein „Guten Tag“ oder einen vergleichbaren förmlichen Gruß an. Anschließend fragen Sie nach der Person, mit der Sie gerne sprechen möchten. Außerdem sollten Sie nie vergessen, sich zu bedanken, bevor die Verbindung mit der gewünschten Person hergestellt wird. Ihrer „Zielperson“ stellen Sie sich dann erneut vor.

Werden Sie hingegen selbst angerufen, dann nennen Sie zuerst die Firma und anschließend Ihren Namen. Um zu vermeiden, dass ein Anrufer allzu lange warten muss, wenn der gewünschte Ansprechpartner nicht an seinem Platz ist, gibt man die entsprechende Durchwahlnummer an den Anrufer weiter oder fragt, ob man ihm selbst weiterhelfen kann oder ihn mit einer anderen Person aus der gewünschten Abteilung verbinden soll. Wie bereits erwähnt, ist es wichtig, auf jedes einzelne Wort zu achten und keine unhöflichen Fragen zu stellen bzw. keine unhöflichen Antworten zu geben (z. B. „Das habe ich Ihnen doch eben gesagt!“).

Hat man sich verwählt, entschuldigt man sich höflich und legt nicht einfach wieder auf. Der versehentlich Angerufene sollte diese Entschuldigung immer mit einem „Bitte“ annehmen.

**INFO**

**Vermeiden Sie es, den Anrufer unnötig lange in der Warteschleife zu lassen – das macht einen schlechten Eindruck.**

### Handy

Handys sind aus der heutigen Berufswelt nicht mehr wegzudenken. Allerdings sollte man immer darauf achten, dass man andere Leute durch unnötige Klingelgeräusche oder Gespräche nicht belästigt. Wird man angerufen, begibt man sich am besten in einen anderen Raum oder nach draußen, damit die anderen nicht gezwungen sind mitzuhören.

Sie sollten beim Telefonieren mit dem Mobiltelefon allerdings lieber gar nicht über vertrauliche Dinge sprechen und sich v. a. in privaten Angelegenheiten kurz fassen. Bedenken Sie, dass es anderen lästig sein könnte, Ihr Gespräch mitanhören zu müssen.

Wenn Sie eine Nachricht auf der Mailbox hinterlassen, fassen Sie sich kurz und beschränken Sie sich auf die notwendigen Informationen. Vergessen Sie dabei nicht, Ihren Namen und die Telefonnummer anzugeben, unter der Sie zu erreichen sind.

Dass man sein Handy in gewissen Situationen ausschaltet, versteht sich wohl von selbst. Dazu gehören im beruflichen Bereich Besprechungen, Präsentationen und Meetings sowie alle wichtigen Gespräche und auch Geschäftsessen.

Sollten Sie doch einmal einen dringenden Anruf erwarten, dann weisen Sie am besten zu Beginn des Treffens darauf hin, stellen das Handy auf Vibration oder auf einen leisen, unauffälligen Klingelton und verlassen für die Dauer des Gesprächs unauffällig den Raum.

**INFO**

**Lassen Sie bei Meetings o. Ä. Ihr Handy besser in Ihrer Jackett- oder Aktentasche und legen Sie es nicht offen auf den Tisch.**

**AUF EINEN BLICK**

- → Wenn Sie selbst anrufen: Name, Firma und Begrüßung.
- → Wenn Sie angerufen werden: Firma, Name und Begrüßung.
- → Anrufer nie lange warten lassen.
- → Andere durch das Klingeln von Handys nicht belästigen.
- → In Meetings und bei anderen offiziellen Anlässen Handy ausschalten.
- → Andere nicht durch lautes Sprechen zum Zuhören zwingen.

## 3.3 Briefe verfassen

Auch beim Verfassen von Briefen gilt es, einige Regeln zu beachten: Zuerst kommt die Anschrift. Diese erfolgt ohne Einleitung (nicht „An Herrn Thomas Braun“, sondern „Herrn Thomas Braun“). Handelt es sich dabei um mehrere Personen, ist es mittlerweile üblich, denjenigen zuerst zu nennen, an den das Anschreiben gerichtet ist.

Schreibt man an ein Ehepaar, werden am besten beide Partner mit Vor- und Zunamen genannt („Herrn Thomas Hartlieb und Frau Christa“) oder, etwas veraltet, nur der volle Name des Mannes, wobei der Vorname der Frau weggelassen wird („Herrn und Frau Thomas Hartlieb“, nicht „Herrn Thomas Hartlieb und Frau“!).

Ist der Adressat Träger eines Titels, so wird dieser in der Anschrift mit aufgeführt (akademische sowie hohe wirtschaftliche oder staatliche/kommunale Ämter). Außerdem werden Berufs- oder Funktionsbezeichnungen im brieflichen Geschäftsverkehr teilweise aufgenommen. Ist der Adressat eine Frau, sollte immer die weibliche Form verwendet werden (z. B. Frau Ministerin). Allerdings ist es in dieser Angelegenheit ganz hilfreich, das Nord-Süd-Gefälle zu beachten. Je weiter der Brief in den Norden des deutschsprachigen Raumes geht, desto sparsamer werden Titel und Berufsbezeichnungen verwendet (in Österreich beispielsweise braucht mit Titeln oder Ehrenbezeichnungen nicht gespart zu werden).

**INFO**

**Eine falsche Anrede oder Anschrift ist ein peinlicher, aber vermeidbarer Fauxpas. Daher empfiehlt es sich, die genaue Bezeichnung eines Titel- oder Amtsträgers nachzuschlagen, wenn sie nicht geläufig ist.**

Nach Titel, Vor- und Zuname folgen Straßenname, Hausnummer, Postleitzahl und Ort, wobei vor Postleitzahl und Ort ein doppelter Zeilenabstand eingefügt wird. Ist eine Postfachnummer angegeben, wird sie in Zweierblöcke mit dazwischengeschaltetem Abstand eingeteilt. Es folgt die sogenannte Betreffzeile, in die man kurz und präzise die Sache schreibt, um die es geht. Wurde diese Zeile früher mit der Einleitung „Betreff" oder „Betr." begonnen, so wird heute darauf verzichtet. Anschließend folgt die Anrede, wobei hier derjenige angesprochen wird, an den der Brief gerichtet ist. Hat man keinen direkten Ansprechpartner, lautet die Anrede: „Sehr geehrte Damen und Herren". Außerdem ist es inzwischen unüblich geworden, ein Ausrufezeichen nach der Anrede zu setzen. Man verwendet stattdessen ein Komma.

**INFO**

**Beschränken Sie Ihren Brief wenn möglich auf eine Seite. Längere Briefe werden oft ungenau oder auch gar nicht zu Ende gelesen.**

Im Anschluss an den Text schließt man den Brief mit der Grußformel „Mit freundlichen Grüßen" und seinem Namen ab. Vergessen Sie nicht Ihre persönliche Unterschrift!

## AUF EINEN BLICK

- → **Reihenfolge beim Brief: Anschrift, Betreff, Anrede, Text, Grußformel, Unterschrift.**
- → **Eventuellen Titel bei Anschrift und Anrede nicht vergessen.**
- → **Kein Ausrufezeichen nach der Anrede.**
- → **Betreff nicht mit „Betreff" oder „Betr." einleiten.**
- → **Auf saubere Unterschrift achten.**

# Der Geschäftsbrief nach DIN 5008

Die Höflichkeit gebietet, auch im schriftlichen Kontakt mit Geschäftspartnern und Kunden einige Regeln zu beachten. So sollte ein Geschäftsbrief den folgenden Formalia folgen:

| | |
|---|---|
| Absenderangaben: | Mustermann AG<br>Karl Muster<br>Musterstraße 77<br>80081 München<br>Telefon, Fax, E-Mail, Website |
| Datum: | 2010-06-21 |
| Empfänger: | Firma<br>Dr. Kurt Beispiel<br>Beispielstraße 17<br>89081 Ulm |
| Betreff: | Ihr Auftrag vom 15.06.2010 |
| Anrede: | Sehr geehrter Herr Dr. Beispiel,<br>(Sehr geehrte Damen und Herren,) |
| Text: | kurze Einleitung mit Bezug, Haupttext, positiver Abschluss |
| Gruß: | Mit freundlichen Grüßen |
| Unterschrift: | Mustermann AG<br>Karl Mustermann<br>Vorstand |
| Anlagevermerk: | Anlage |
| Verteilervermerk: | Verteiler<br>Adam Mustermann<br>Eva Mustermann |
| Postskriptum: | PS: |

INFO

3

## 3.4 E-Mail und Fax

### E-Mail

Obwohl man durch die Geschwindigkeit der elektronischen Post leicht dazu verleitet wird, seine Schreiben weniger sorgfältig zu verfassen, sollten dennoch auch im Internet gewisse Regeln eingehalten werden: So ist hier genauso auf eine korrekte Anrede und Grußformel sowie auf orthografische Richtigkeit zu achten wie im Falle des klassischen Briefes. Prägnante Sätze sowie ein leicht nachvollziehbarer Aufbau machen es dem Empfänger einfacher, das Anliegen Ihrer Mail sofort aufzugreifen. Keinesfalls darf jedoch unter der Knappheit der E-Mail der höfliche Ton leiden.

Vergessen Sie auch nicht, Ihre Mails immer mit einem Betreff zu versehen, da in vielen Unternehmen Mails ohne Betreff aufgrund der Virusgefahr nicht geöffnet werden. Auch das Öffnen von Attachments birgt die Gefahr, einen Virus einzufangen. Deshalb empfiehlt es sich, den Empfänger über den Inhalt eines Attachements zu informieren. Handelt es sich um einen Erstkontakt, so sollten Sie in der ersten Mail auf einen Anhang verzichten.

Um etwas im Text hervorzuheben, bietet es sich an, Kursivschrift zu verwenden oder Wörter zu unterstreichen, anstatt Großbuchstaben zu benutzen, da diese leicht aggressiv auf den Empfänger wirken können. Den Sonderzeichen sollten Sie bei Mails ins Ausland besondere Aufmerksamkeit schenken, da diese eventuell nicht gelesen werden können.

**INFO**

**Denken Sie daran, dass Sie auch in einer geschäftlichen E-Mail Ihre komplette Postanschrift inklusive Telefon- und Faxnummer angeben sollten, damit sich der Empfänger auch auf anderem Wege mit Ihnen in Verbindung setzen kann.**

### Fax

Beim Fax kann der Text eine kurze Mitteilung, aber auch eine längere Beschreibung, Erklärung etc. sein. Man muss ihn in der Regel nicht mit „Sehr geehrte(r) ..." übertiteln. Folgender Text wäre ausreichend:

**Kurzmitteilung per Fax:**

Gisela Nutsch:

Wir haben Ihr Fax erhalten und können Ihnen hiermit unsere Zusage erteilen.

Mit freundlichen Grüßen
Ruth Klingenstein

Es ist inzwischen auch üblich geworden, die Grußformel „Mit freundlichen Grüßen" auf einem Fax mit „MfG" abzukürzen.

Besondere Aufmerksamkeit sollte man auch dem Kopf des Faxes schenken, denn dort befinden sich weitere bedeutende Informationen. Wie sie angeordnet werden, sieht man im folgenden Beispiel:

**Aufbau eines Faxkopfes:**

Martin Mustermann
Mustergasse 7
12345 Musterstadt

Telefon: 3456789
Fax: 3459876

Fax: 23456578

Julia Beispielperson

Gesamtzahl der Seiten: 3

**10.02.2010**

Ein Fax sollte nur verschickt werden, wenn es keine privaten oder vertraulichen Mitteilungen enthält, weil diese sonst leicht in die Hände einer anderen Person gelangen können. Das ist beispielsweise der Fall, wenn das Faxgerät in einem Großraumbüro steht.

**INFO**

**Übrigens ist es strafbar, über den Inhalt eines Faxes zu sprechen, das man als Unbefugter einmal zufällig zu Gesicht bekommen hat.**

## AUF EINEN BLICK

- **Auch bei E-Mails sind eine korrekte Anrede, Prüfung der Rechtschreibung und Höflichkeit selbstverständlich.**
- **Bei Faxen ist besonders der Faxkopf zu beachten.**
- **Keine privaten Mitteilungen per Fax verschicken.**

# 4. Esskultur – richtige Manieren bei Tisch

## 4.1 Der Restaurantbesuch

Auch heute noch ist es üblich, dass der Herr das Restaurant zuerst betritt, der Dame dann die Tür aufhält und sie hineinführt. Ratsam ist es, immer einen Tisch vorzubestellen, damit man auch sicher einen Platz im gewünschten Lokal erhält.

Beim Betreten des Restaurants wartet man zunächst auf den Ober und lässt sich von ihm zum Tisch führen. Dabei geht die Dame hinter dem Ober und der Herr hinter der Dame.

Führt kein Ober zum Tisch, geht der Herr voraus. Er hilft der Dame aus dem Mantel (nicht der Ober!). Allerdings sind einige Frauen mit diesem „Ritual" heutzutage nicht mehr einverstanden, da sie darin einen Eingriff in die Emanzipation sehen und sich in die alte Rolle des „schwachen Geschlechts" zurückgedrängt fühlen. Daher ist es geschickter, vorher kurz zu fragen, beispielsweise folgendermaßen: „Darf ich Ihnen aus dem Mantel helfen?"

Anschließend bietet der Herr der Dame einen Platz an und rückt ihr den Stuhl zurecht. Danach setzt er sich ebenfalls.

**INFO**

**Beim Zurechtrücken des Stuhls wird der Stuhl an der Lehne nach vorne geschoben, während sich die Frau langsam setzt.**

Erhebt sich eine Dame vom Tisch oder kommt eine weitere Dame hinzu, ist der Herr verpflichtet, kurz aufzustehen. Bei größeren Veranstaltungen ist er von dieser Pflicht allerdings entbunden, da sonst ein Durcheinander entstehen würde.

In einer größeren Gesellschaft geht nicht der Ober, sondern der Gastgeber voraus, auch wenn es sich um eine Dame handelt. Er oder sie führt die Gäste zum Tisch. Der Ober begleitet die anderen Gäste. Anschließend begrüßt der Gastgeber die ganze Gesellschaft; deshalb sollte er sich möglichst einen Platz auswählen, von dem aus er für alle gut zu sehen und zu hören ist. Der Gastgeber hat darüber hinaus das besondere Recht, den Gästen bestimmte Speisen zu empfehlen, um ihnen so die Auswahl zu erleichtern.

Heute ist es üblich, dass die Dame ihre Bestellung selbst aufgibt. Sie kann jedoch auch – wenn sie möchte – wie in früheren Zeiten den Herrn für sich bestellen lassen. In diesem Fall nennt der Herr die Bestellung der Dame zuerst. Auch den Wein darf die Dame selbst probieren und für sich aussuchen, was früher stets dem Herrn zustand.

**INFO**

**Empfiehlt ein Gastgeber ein bestimmtes Gericht, muss man diesem Vorschlag nicht folgen. Allerdings erhält man durch eine solche Empfehlung eine gewisse Vorstellung, in welcher Preisklasse sich die ausgewählten Speisen befinden sollten.**

Wenn mit dem Essen etwas nicht in Ordnung ist, es beispielsweise versalzen ist, so sollte man sich sofort beschweren. Allerdings ist eine Beanstandung immer in einem ruhigen, höflichen Ton vorzubringen. Wer hingegen ganz allgemein am Essen herumnörgelt, legt ein äußerst schlechtes Benehmen an den Tag.

Man sollte nicht von vornherein alle Speisen, die man nicht kennt, ablehnen, sondern auch etwas Neues probieren. Wenn Sie bei exotischen Gerichten allerdings nicht genau wissen, in welcher Weise man sie zu sich nimmt, sollten Sie bei einem Geschäftsessen besser auf diese zusätzliche Herausforderung verzichten.

Zu viel nachzuwürzen, ist dem Koch gegenüber unhöflich, da er sich im Normalfall mit dem Essen und dem Würzen viel Mühe gegeben hat. Außerdem sollte man mit kulinarischen Sonderwünschen vorsichtig sein. Ein Wunsch ist erlaubt, mehrere sind in der Restaurantküche selten gern gesehen, da die Zusammenstellung der Gerichte ja ihren Sinn hat. Ausnahmen bilden hier natürlich Nahrungsmittelallergiker.

**INFO**

**Grundsätzlich wartet man mit dem Essen, bis alle am Tisch ihr Gericht bekommen haben. Wurden unterschiedliche warme Speisen bestellt, kann dies unter Umständen sehr lange dauern. Hier ist es üblich, die anderen zum Essen aufzufordern, sobald diese ihr Gericht bekommen haben.**

Bezahlen darf heute der Herr oder die Dame (sie darf ihn durchaus auch einladen). Getrennte Rechnungen sind ebenfalls üblich, jedoch nicht überall gerne gesehen.

Verlässt man das Lokal, geht der Herr zur Garderobe, zieht seinen Mantel oder seine Jacke an und hilft schließlich der Dame in den Mantel.

**INFO**

**Bei größeren Geschäftsessen entscheidet der Gastgeber, wann das Essen beendet ist. Üblich ist es, dass derjenige, der einlädt, auch bezahlt. Falls niemand speziell zu dem Essen eingeladen hat, kann man entweder die Rechnung zu gleichen Teilen aufteilen oder man beantragt getrennte Rechnungen.**

## AUF EINEN BLICK

- → Der Herr betritt das Restaurant zuerst und hält der Dame die Tür auf.
- → Der Herr hilft der Dame aus dem Mantel und rückt ihr den Stuhl zurecht.
- → Bei größeren Gesellschaften geht der Gastgeber voraus.
- → Der Gastgeber darf Speisen empfehlen.
- → Beschwerden immer sofort und höflich äußern.
- → Nicht zu viele Sonderwünsche äußern.
- → Bezahlen darf der Herr oder die Dame.
- → Der Herr hilft der Dame in den Mantel.

## 4.2 Haltung und Kommunikation

### Die richtige Haltung bei Tisch

Korrektes Essen fängt bereits bei der Haltung an. Man sitzt gerade auf der gesamten Sitzfläche des Stuhls (nicht nur auf der Kante), ungefähr eine Handbreit vom Tisch entfernt. Die Arme behält man – ohne gezwungen zu wirken – nah am Körper, die Hände befinden sich maximal bis zum Handgelenk auf dem Tisch. Selbstverständlich stützt man sich nicht mit den Ellenbogen auf den Tisch und das Abspreizen des kleinen Fingers beim Essen ist alles andere als fein.

Den Löffel führt man immer mit der Spitze zum Mund. Eine Ausnahme bilden hier die angelsächsischen Länder, in denen der Löffel mit der Breitseite zum Mund geführt wird. Im Löffel sollte sich nie so viel Flüssigkeit befinden, dass die Gefahr des Tropfens oder Kleckerns besteht. Außerdem verbieten es die gehobenen Tischmanieren, eine Suppe kalt zu pusten.

**INFO**

**Auch wenn es Ihnen noch so gut schmeckt, denken Sie daran, den Mund nicht zu voll zu machen – so vermeiden Sie peinliche Essgeräusche und geben zudem eine bessere Figur bei Tisch ab.**

Das Messer hält man immer in der rechten Hand. Dabei nimmt man es so zwischen Daumen und Zeigefinger, dass der Zeigefinger oben auf dem Griff liegt.

**INFO**

**Falsch halten Sie ein Messer, wenn es in der Beuge zwischen dem Daumen und dem Zeigefinger liegt.**

Die Gabel führt man immer so, dass sie waagerecht bleibt und nichts herunterfällt. Sie liegt in der Beuge der linken Hand zwischen Daumen und Zeigefinger. Es ist auch erlaubt, etwas aufzuspießen. Dabei wird die Gabel umgedreht. Das sollte allerdings nur in Ausnahmefällen geschehen.

Will man während des Essens zu einem Glas greifen, um zu trinken, so sollte man das Besteck auf dem Teller ablegen, und zwar so, dass es nicht herunterrutschen kann und dabei vielleicht auch noch Flecken auf dem Tischtuch oder der Kleidung der Tischnachbarn hinterlässt. Das Besteck außerhalb des Tellers auf der Serviette abzulegen, gehört sich nicht. Ist man mit dem Essen fertig, legt man das Besteck parallel nebeneinander auf den Teller. Möchte man hingegen nur eine kurze Pause einlegen, kreuzt man Messer und Gabel mit den Spitzen auf dem Teller.

**INFO**

**In gehobenen Restaurants kennen die Kellner den feinen Unterschied beim Ablegen des Bestecks nach Beendigung des Mahls: Liegen Messer und Gabel auf dem Teller auf fünf vor halb sechs, bedeutet das, dass der Gast mit dem Essen nicht zufrieden war. Liegt das Besteck auf fünf vor halb sieben, hat es ihm geschmeckt.**

An jedem gut gedeckten Tisch finden sich Stoffservietten. Diese steckt man nicht in den Hemdkragen, sondern lässt sie während des gesamten Essens einmal gefaltet auf dem Schoß liegen.

Um hässliche Schmutzränder an den Gläsern zu vermeiden, benutzt man die Serviette vor dem Trinken zum Mundabwischen oder auch zum Säubern zwischendurch. Nach dem Essen legt man sie links neben den Teller auf den Tisch, entgegen dem Originalkniff gefaltet.

**INFO**

**Unfein ist es, eine Serviette als Taschentuch zu verwenden – egal, ob sie aus Stoff oder aus Papier besteht.**

**Gepflegte Konversation**

Bei Tisch sollte nur leichte und gepflegte Konversation betrieben werden. Die anderen mit Einzelheiten aus dem eigenen Privatleben zu belästigen, ist eine Unart, derer sich leider allzu viele nicht bewusst sind.

4

Geeignete Themen während eines Essens sind solche, die möglichst wenig zu Kontroversen anregen, wie z. B. das Wetter, die Mode, das aktuelle Geschehen oder Kunst und Kultur. Es dürfen durchaus auch ernstere Gesichtspunkte geäußert werden, allerdings sollte man sich nicht darin verlieren oder gar mit einem Einzelnen aus der Gesellschaft in eine heftige Diskussion verfallen. Das wäre den anderen Gästen gegenüber äußerst unhöflich.

Auch mit Humor sollte man besser sorgsam umgehen. Leicht humorvolle Unterhaltungen sind gestattet, plumpe Witze jedoch – vielleicht auch noch auf Kosten anderer – sind völlig fehl am Platze. Je sparsamer und leichter die Kommunikation bei Tisch, desto besser.

**AUF EINEN BLICK**

- → **Bei Tisch stets gerade sitzen.**
- → **Arme nah am Körper halten.**
- → **Den Löffel mit der Spitze zum Mund führen.**
- → **Beim Messer liegt der Zeigefinger auf dem Griff.**
- → **Die Gabel wird waagerecht gehalten.**
- → **Besteck immer auf dem Teller ablegen.**
- → **Serviette auf den Schoß legen.**
- → **Serviette nicht als Taschentuch benutzen.**
- → **Bei Tisch möglichst leichte Konversation betreiben.**

## 4.3 Besteck, Gläser und Getränke

### Das kleine und das große Gedeck

Eine Suppe, ein Hauptgericht und eine Nachspeise – für diese Speisenfolge benötigt man ein sogenanntes kleines Gedeck. Die Gabel liegt dabei immer links vom Teller, rechts vom Teller ist das Messer platziert und rechts vom Messer wiederum der Löffel für die Suppe. Der Dessertlöffel befindet sich nicht neben, sondern oberhalb des Tellers.

Ein großes Gedeck umfasst wesentlich mehr Besteck, da man es für ein mehrgängiges Menü (meist fünf Gänge) braucht. Die Gläser werden dabei von rechts nach links benutzt. Das äußere Besteck (meist Messer und Gabel) ist für die Vorspeise gedacht. Auf der rechten Seite des Tellers folgen nach innen der Löffel für die Suppe, das Fischmesser und schließlich das Messer für das Fleisch.

**INFO**

**Wenn Sie zum Abschluss eines Menüs noch einen Kaffee oder Mokka bestellen, erhalten Sie dazu erneut einen kleinen Löffel. Dieser ist allerdings nur zum Umrühren des Kaffees vorgesehen und sollte im Anschluss daran nicht abgeleckt werden.**

Links vom Teller befinden sich nach dem Vorspeisenbesteck die Fischgabel und die Fleischgabel. Oberhalb des Tellers werden Gabel und Löffel für die Nachspeise bereitgehalten, wobei der Griff des Löffels nach rechts, der Griff der Gabel nach links zu zeigen hat. Manchmal befindet sich statt des Löffels auch ein Messer zum Dessert auf dem Tisch. Das kommt vor allem dann vor, wenn Früchte serviert werden.

Bei extremem Platzmangel an der Tafel kann man die einzelnen Bestecke auch zum jeweiligen Gang reichen. Dies sollte aber nur in Ausnahmesituationen geschehen.

**INFO**

**Die Benutzung des Bestecks erfolgt immer von außen nach innen.**

### Die Wahl der Gläser und Getränke

Da die Getränke ebenso zum Mahl gehören wie die Speisen, sollte man sie auf das jeweilige Gericht abstimmen, um den Geschmack zu unterstreichen. Zur Vorspeise werden im Normalfall keine Getränke gereicht, allerdings kann zuvor ein Aperitif getrunken werden. Hierfür eignet sich etwa Sekt, Prosecco oder Sherry. Zu Deftigem wie Schweinshaxe wird ein kühles Bier gereicht, später darf man nach einem solchen eher fettreichen Essen auch einen Schnaps zu sich nehmen.

Zu dunklem Fleisch wie Wild wird ein Rotwein serviert, der etwa Zimmertemperatur haben sollte, wohingegen bei hellem Fleisch ein Rosé oder ein Weißwein passt.

Zu Fischgerichten wird in der Regel ein leichterer Weißwein gereicht. Kaffee oder Mokka kann man zur Nachspeise servieren. Nach Wunsch kann danach noch ein sogenannter Digestif eingenommen werden, also beispielsweise ein Grappa oder Cognac.

**INFO**

**Trinken Sie nicht sofort, wenn Sie Ihr erstes Getränk erhalten, sondern warten Sie, bis der Gastgeber sein Glas erhebt. Sie dürfen durchaus auch mit einem alkoholfreien Getränk anstoßen.**

Da gewisse Getränke nur in bestimmten Gläsern ihren Geschmack voll entfalten, ist es üblich, verschiedene Gläser auf dem Tisch bereitzustellen. Allen voran ist die Auswahl an Gläsern für verschiedene Weine sehr groß. Das größte Glas, das einem breiten Kelch gleicht, ist für den Rotwein bestimmt. Diese Gläser werden nur etwa zu einem Viertel gefüllt. Weißwein wird hingegen in etwas kleineren Gläsern serviert. Leichte Weiß- und Roséweine schenkt man in geschwungene Gläser ein, welche dann bis zur Hälfte gefüllt werden dürfen. Burgunder werden aus einem breiten Glas, das nach oben hin schmäler wird, getrunken und Bordeauxweine aus schweren, breiten Gläsern.

**INFO**

**Weingläser sollten immer am Stiel angefasst werden, da man sonst das Glas mit Fingerabdrücken beschmutzt; andere Gläser hält man im unteren Drittel fest.**

Bier wird stilvoll in Krügen gereicht oder in einem Glas, das zur Biersorte passt. Schnaps sollte in kalten, kleinen Gläsern serviert werden. Auf manchen (traditionellen oder vereinsmäßigen) Veranstaltungen wird Schnaps aus Zinn- oder Silberstampern getrunken.

Sekt serviert man ausschließlich in hohen, schmalen Kelchgläsern. Sektschalen dagegen eignen sich nur für Mixgetränke, die mit Sekt oder Champagner zubereitet werden, z. B. Cocktails.

Zum Abschluss eines Menüs wird oft ein hochprozentiger Cognac gereicht – allerdings nie in einem Schnapsglas, sondern immer in einem Schwenker. Dieser ist in der Regel leicht vorgewärmt, damit sich der volle Geschmack des Getränks entfalten kann.

**INFO**

**Wenn jemand Alkohol ablehnt, respektieren Sie diese Entscheidung, ohne nach dem Grund zu fragen. Drängen Sie niemals jemandem Alkohol auf.**

## AUF EINEN BLICK

- → Das kleine Gedeck besteht aus Besteck für Vor-, Haupt- und Nachspeise.
- → Das große Gedeck umfasst Besteck für mindestens fünf Gänge.
- → Besteck wird immer von außen nach innen verwendet.
- → Gläser werden immer von rechts nach links benutzt.
- → Getränke auf das Essen abstimmen: bei deftigem Essen Bier, bei dunklem Fleisch Rotwein, bei hellem Fleisch Weißwein oder Rosé, bei Fisch leichter Weißwein.
- → Getränke sollten immer in den passenden Gläsern serviert werden.
- → Auch mit alkoholfreien Getränken darf angestoßen werden.

# 4.4 Wie isst man was?

**Obst**

Obst wird grundsätzlich mit dem dafür aufgetragenen Obstbesteck (Messer und Gabel) gegessen. Werden zum Dessert Apfelsinen gereicht, so ritzt man zunächst mit dem bereitliegenden Messer die Schale der Frucht an und entfernt sie anschließend. Dann teilt man das Obst in Stücke und isst es anschließend mit der Hand. Mandarinen ritzt man nicht erst an.

Eine Ananas schneidet man in Scheiben und entfernt die Schale, während man Bananen erst einmal von der Schale befreien muss (Stil abknicken, die Frucht zur Hälfte abschälen), bevor man einen Teil mit dem Besteck essen kann. Anschließend erst wird der Rest geschält und gegessen.

Meist frisch serviert werden Kirschen oder Weintrauben. Diese isst man einfach mit den Fingern. Um die Kirschkerne loszuwerden, lässt man sie durch die vor den Mund gehaltene hohle Hand auf den Teller gleiten. Weintrauben zupft man Beere für Beere ab, die Kerne werden dabei mitgegessen. Wer dies nicht möchte, sollte besser ganz auf die Beeren verzichten.

Kleine Pflaumen werden wie Kirschen gegessen, große nimmt man in die Hand, teilt sie, nimmt den Kern heraus und verzehrt die Frucht. Wer die Kunst beherrscht, darf auch zu Messer und Gabel greifen.

Äpfel und Birnen werden meist schon geschält und in Stücken aufgetragen. Dann isst man sie mit dem Besteck oder mit der Hand. Wenn sie als ganze Frucht gereicht werden, viertelt man die Früchte, entfernt das Gehäuse und isst sie anschließend.

Pfirsiche, Nektarinen und vergleichbare Früchte werden immer mit dem Obstbesteck gegessen, da sie sehr saftig sind und man sonst nach dem Verzehr aufstehen müsste, um sich die Hände zu waschen.

Avocados werden – meist als Vorspeise gereicht – zuerst halbiert. Dann entfernt man den Kern, um anschließend das Fruchtfleisch auszulöffeln. Man kann die Avocado dabei entweder in die linke Hand nehmen oder mit der Gabel festhalten.

**Gemüse**

Gemüse isst man immer mit der Gabel; das Messer darf dabei durchaus als Hilfsmittel benutzt werden. Kartoffeln sollte man niemals mit der Gabel zerquetschen, sondern lediglich damit zerteilen. Letzteres ist durchaus sinnvoll, denn ein glatter Schnitt mit dem Messer lässt die Kartoffel die Soße nicht richtig aufnehmen. Spargel isst man immer von der Spitze weg. Ob man dies mit der Hand oder dem Besteck (Messer zerteilt den Spargel) tut, ist Geschmackssache und auch eine Frage des Könnens.

**Vorspeisen**

Suppen dürfen nie geschlürft oder gepustet werden. Außerdem sollte der Teller nicht gekippt werden. In manchen Gesellschaften ist dies aber trotzdem üblich. Auf jeden Fall gekippt werden dürfen Suppentassen.

Nudeln dürfen nie mit dem Messer geschnitten werden. Dabei bilden auch die langen unter ihnen (Spaghetti, Tagliatelle) keine Ausnahme. Spaghetti werden um die Gabel gewickelt, um sie dann zu verzehren. Man kann dafür durchaus auch einen Löffel zu Hilfe nehmen, auch wenn das in Italien, dem Ursprungsland dieses Gerichts, nicht üblich ist.

**INFO**

**Am besten nimmt man nur drei oder vier Spaghetti auf die Gabel, dann ist sie nach dem Aufrollen der Nudeln nicht allzu voll beladen.**

Pasteten werden immer nur mit der Gabel gegessen, nie mit dem Messer geschnitten. Der Löffel darf dabei ebenfalls zum Einsatz kommen.

Großblättrige Salate darf man ruhig mit dem Messer zerkleinern. Das ist sogar ratsam, will man sich nicht den Mund verschmieren oder mit Dressing bekleckern. Ansonsten isst man die Blätter in einem Stück mit Messer und Gabel.

**INFO**

**Wird zu einer Speise Brot gereicht, bricht man ein mundgerechtes Stück ab und bestreicht es – je nach persönlichem Geschmack – mit Butter.**

### Fisch & Co

Zu Fisch wird ein spezielles Besteck gereicht – das sogenannte Fischbesteck. Die Gabel hält man auch in diesem Fall in der linken Hand, das Messer in der rechten. Gekochter oder gebratener Fisch wird dabei nicht geschnitten, sondern zerteilt. Die breite und stumpfe Klinge des Fischmessers ist als Schieber gedacht.

Hummer wird meist ganz serviert und erst auf dem Tisch halbiert. Die Scheren werden anschließend mit der Hummerzange gebrochen, die Hummerbeine vom Körper gelöst. Das Fleisch aus den Scheren wird mit der Hummergabel herausgezogen, während man das im Schwanz befindliche mit dem Fischbesteck herausheben kann. Die Beine werden am Gelenk gebrochen, in die Hand genommen und ausgesaugt.

Austern werden traditionell roh aus der Schale geschlürft. Dazu öffnet man die Auster mit der Austerngabel (breitzinkig, mit seitlicher Schneide) oder dem Austernmesser, indem man die gewölbte Seite nach unten über eine Serviette hält und die Schale an der rückwärtigen Nahtstelle trennt. Dabei ist darauf zu achten, dass das Meerwasser nicht abläuft. Der Darm (der kleine schwarze Punkt) und der „schwarze Bart“ werden entfernt und die Auster gelöst (nicht aus der Schale nehmen!). Anschließend beträufelt man sie mit etwas Zitrone und schlürft sie aus der Schale.

**INFO**

**In Frankreich werden Austern mit Bart und Darm gegessen.**

Muscheln werden meist mit Brühe oder Soße serviert. Man löst mit der Gabel aus einer Muschel das Fleisch heraus, verzehrt es und benutzt dann die Schale dieser Muschel als Zange, um an das Fleisch der anderen heranzukommen.

Krebse isst man mit der Hand. Allerdings sollte man zum Auseinandernehmen Gabel und Krebsmesser benutzen.

Da Garnelen (Krabben) meist geschält auf den Tisch kommen, sind sie sehr einfach zu essen (mit der Gabel). Sollten sie noch nicht geschält sein, entfernt man zunächst die Schale, indem man die Garnele in beide Hände nimmt (zwischen Daumen und Zeigefinger, den Kopf in die linke Hand), sie dreht oder gerade biegt, bis die Schale aufbricht. Dann schält man das Fleisch heraus oder trennt mit einem kurzen Ruck den Körper vom Schwanz und erhält so das zum Verzehr geeignete Fleisch.

Für den Verzehr von Kaviar gibt es das sogenannte Kaviarbesteck. Dieses besteht aus einem kleinen Messer mit einer breiten, stumpfen Klinge und einem Löffelchen. Das Besteck sollte immer aus möglichst geschmacksneutralen Materialien wie z. B. Perlmutt oder Horn gefertigt sein. Bei Metall kann es vorkommen, dass das Aroma des Kaviars leidet.

**INFO**

**Kaviar kann pur oder auf einem Stück Brot gegessen werden, wo man ihn mithilfe des Löffels platziert. Je nach Geschmack kann man ihn auch mit Zitronensaft oder Butter verfeinern.**

Schnecken werden meist in Pfannen serviert. Man gibt sie dann mithilfe einer speziellen Schneckenzange auf den Teller oder auf einen Löffel und entnimmt das Fleisch mit einer Schneckengabel aus dem Gehäuse. Anschließend isst man es direkt von der Gabel oder legt es auf den Löffel, damit man die heiße Butter aus dem Gehäuse darüberträufeln kann.

### Fleisch und Geflügel

Fleisch wird immer mit Messer und Gabel gegessen. Dabei schneidet man es nach und nach, immer wenn man einen Bissen gegessen hat. Ragouts werden dagegen ohne Messer gegessen, da das Fleisch bereits ausreichend zerkleinert ist. Bei Fleischspießen lösen Sie die einzelnen Stücke vorsichtig mit einer Gabel herunter.

Bei Geflügel ist darauf zu achten, dass es immer erst am Tisch tranchiert wird. Gegrillte oder gebratene Hähnchen verzehrt man mit Messer und Gabel. Mit den Fingern hingegen darf das gebackene Hähnchen gegessen werden.

Ein Truthahn oder eine Gans werden mit Messer und Gabel gegessen. Dazu schneidet man vorher ihr Fleisch der Länge nach in Scheiben vom Knochen. Eine Ente hingegen wird in Viertel zerteilt und anschließend ebenfalls mit Besteck gegessen.

**INFO**

**Stehen Wasserschälchen zur Verfügung, bedeutet dies in der Regel, dass man bestimmte Speisen mit den Fingern essen darf.**

## AUF EINEN BLICK

- ➜ Obst wird grundsätzlich mit dem Obstbesteck gegessen.
- ➜ Nur Kirschen, Weintrauben, Apfelsinen u. Ä. werden mit der Hand gegessen.
- ➜ Gemüse wird mit der Gabel gegessen.
- ➜ Suppen werden nicht gepustet oder geschlürft.
- ➜ Suppenteller dürfen nicht gekippt werden.
- ➜ Nudeln werden nicht geschnitten.
- ➜ Pasteten werden nicht geschnitten.
- ➜ Große Salatblätter dürfen zerkleinert werden.
- ➜ Brot wird gebrochen.
- ➜ Fisch wird mit dem Fischbesteck gegessen.
- ➜ Hummer isst man mit Hummergabel und normaler Gabel, die Beine saugt man aus.
- ➜ Austern schlürft man roh aus der Schale.
- ➜ An das Muschelfleisch kommt man mithilfe von Muschelschalen.
- ➜ Garnelen werden mit der Gabel gegessen.
- ➜ Für Kaviar benutzt man Kaviarbesteck.
- ➜ Schnecken isst man mit einer Schneckengabel.
- ➜ Fleisch isst man mit Messer und Gabel.
- ➜ Geflügel wird am Tisch tranchiert.

# Kleiner Weinführer

Auch wenn bei einem geschäftlichen Essen natürlich nicht zu tief ins Glas geschaut werden sollte, muss auf einen guten Wein nicht verzichtet werden – es gehört sich vielmehr, einen solchen anzubieten.

Doch nicht jeder ist ein Weinkenner und kann sich mühelos durch die Weinkarte lesen. Besonders denjenigen, die im Alltag selten oder nie Wein trinken, wird die Entscheidung schwerfallen, welchen Tropfen sie wählen sollen. Hier ein paar Tipps für die richtige und stilsichere Wahl:

- Leicht oder schwer: Grundsätzlich sollten Sie mit leichten Weinen beginnen und sich die schwereren für später aufheben. Auch können Sie sich an die einfache Regel halten: Leichte Weine gehören zu leichten Speisen, wie z. B. Fisch, und schwere, alkoholreichere Weine passen eher zu schweren Gerichten, etwa zu einem Braten.

- Geschmacksfrage: Welche Getränke mögen Sie sonst? Geht Ihr Geschmack eher in Richtung „süß", sollten Sie sich einen halbtrockenen oder lieblichen Wein bestellen. Ansonsten wählen Sie einen trockenen Wein.

- Beratung: In einem Restaurant können Sie sich auch vom Sommelier, dem Oberkellner, der für die Weinauswahl zuständig ist, beraten lassen.

- Temperatur: Während ein Weißwein in der Regel gekühlt serviert wird (bei 8 °C bis 12 °C), wird ein schwerer Rotwein dagegen bei Zimmertemperatur gereicht (bei 14 °C bis 18 °C). Auch von dieser Komponente können Sie Ihre Wahl abhängig machen.

- Trockene Weine: Trockene Weine haben einen geringen Restzuckergehalt, sind deshalb auch nicht von süßem Geschmack. Trocken heißt aber keines-

INFO

wegs gleichermaßen sauer. Mit einem trockenen Weißwein können Sie eigentlich am wenigsten falsch machen. Er passt im Prinzip zu jedem Gericht und kann gegebenenfalls auch mit Wasser zu einer leichten Weinschorle verdünnt werden. Zu dunklem Fleisch und einer mediterranen Küche passen vor allem dunkle Rotweine. Beginnen Sie aber auch hier eher mit einem leichten Rotwein.

- Halbtrockene Weine: Diese Weine sind schon etwas fruchtiger und süßer im Geschmack, da sie einen höheren Restzuckergehalt besitzen. Für diejenigen, die unsicher sind, ob sie eher einen trockenen oder einen lieblichen Wein auswählen sollten, kann die Wahl einer halbtrockenen Sorte ein guter Kompromiss sein.

- Liebliche Weine: Ein lieblicher Wein hat eine dominante süße Note und passt eher zu einer Nachspeise, beispielsweise zu einem Dessert oder einer Käseplatte. Lieblicher Wein wird üblicherweise in kleinen Gläsern gereicht, von denen Sie aber vorsichtshalber nicht mehr als eines trinken sollten. Je mehr Restzuckergehalt in einem Wein ist, desto wahrscheinlicher ist es, dass der Alkohol eine kräftige Wirkung entfaltet.

- Süße Weine: Weine, die mit dem Prädikat „süß“ etikettiert sind, dienen lediglich zur Verfeinerung des Geschmacks von Desserts oder deftigen Gerichten.

- Dessertwein: Falls Ihnen der Kaffee nach dem Essen auf Dauer zu eintönig wird, sollten Sie ruhig mal einen Dessertwein probieren.

- Weinlagerung: Dunkelheit und eine möglichst konstant hohe Luftfeuchtigkeit sind grundlegende Voraussetzungen für die Lagerung der edlen Tropfen. Zudem sollten die Weinflaschen weder Erschütterungen noch kurzfristigen Temperaturschwankungen ausgesetzt sein. Die Flaschen sollten immer flach liegen.

INFO

# 5. Feierlichkeiten und besondere Anlässe

## 5.1 Feierlichkeiten vorbereiten

**Einladungen formulieren**

Im Vorfeld einer jeden Feierlichkeit gilt es, dem Anlass gemäße Einladungen auszusprechen. Zum Teil hat das schriftlich zu geschehen, manchmal genügt es aber auch, den gewünschten Gast mündlich zu informieren.

Wird zu einem offiziellen oder formellen Anlass eingeladen, gibt es bestimmte Regeln, wie eine Einladungskarte auszusehen hat.

Folgende Angaben sollten auf der Einladungskarte zu finden sein:

- Wer lädt ein?
- Wer wird eingeladen?
- Warum wird geladen?
- Wo findet die Veranstaltung statt (Ort, Straße, Hausnummer)?
- Wann findet die Veranstaltung statt (Wochentag, Datum und Uhrzeit)?
- Bis wann wird eine Zu- oder Absage erwartet: U. A. w. g. (Um Antwort wird gebeten) bis zum ... an ...; am Ende Name und Anschrift oder Name und Telefonnummer angeben.
- Vermerk bezüglich der gewünschten Kleidung (leger, festlich ...).
- Park- und Anfahrtsmöglichkeiten (eventuell kleiner Lageplan, auf dem die öffentlichen Verkehrsmittel, die benutzt werden können, eingezeichnet sind).

Lädt man Paare ein, so werden sie entweder beide mit ihrem vollen Namen angesprochen („Herrn Dieter Weiß und Frau Brigitte Weiß“) oder aber folgendermaßen: „Herrn Jens Nutsch und Frau Gemahlin“. Die letztgenannte Anrede eignet sich besonders für den Fall, dass man den Vornamen der Frau nicht kennt.

5

**INFO**

**Als Anrede sind „Herrn Raimund Hammer und Frau“ und „Herrn Raimund Hammer und Gattin“ heute absolut tabu.**

Ist das Paar nicht verheiratet, schreibt man: „Herrn Reiner Nietsche und Partnerin“ (nicht: Freundin!). Weiß man den Namen des Partners, dann ist es üblich, auch dessen vollen Namen auf die Einladung zu schreiben.
Wenn man eine alleinstehende Person einlädt, die aber eine Begleitung mitbringen darf, so lädt man „Herrn Armin Hauser und Begleitung“ ein.

Bezüglich der Kleidung hat man sich selbstverständlich an die Wünsche der Gastgeber zu halten. Ebenso bei der Rückantwort. Ist die Adresse angegeben, wünschen die Einladenden eine schriftliche Zu- oder Absage, ist die Telefonnummer angegeben, wird ein Anruf erwartet.

**INFO**

**Bedient man sich als Gastgeber vorgedruckter Karten, dann sollte man darauf achten, dass die Anschrift auch für die Anrede einer Dame passend ist (auch beim Ankreuzen des Partners; nicht alle werden mit „Partnerin“ kommen). Daher müssen Alternativkarten bereitliegen.**

Geht es um eine Einladung, die privater Natur ist, sollte angegeben sein, wann und wo eingeladen ist, wer der Einladende und der Eingeladene ist, was der Anlass der Feier ist, bis wann man die Zu- oder Absage erteilen muss und wie man zum Ort der Veranstaltung kommt.

### Sinnvolle Tischordnungen

Bei größeren Festen oder offiziellen Veranstaltungen ist es nötig, eine Tischordnung festzulegen. Damit jeder weiß, wo er Platz zu nehmen hat, fertigt man Tischkarten mit dem jeweiligen Namen des Gastes an.

Außerdem ist es bei solchen Festen ratsam, ein „Placement“ zu erstellen, das heißt einen Plan der aufgestellten Tische, auf dem zu ersehen ist, wo die einzelnen Personen Platz nehmen sollen. Dieses „Placement“ sollte sich geschickterweise am Eingang des Saals befinden, damit jeder sofort beim Eintreten weiß, wohin er sich begeben muss. Dies hat den entscheidenden Vorteil, dass man größere Verwirrungen und langes Suchen seitens der Gäste vermeidet. Der Auftakt verläuft dadurch in geordneten Bahnen.

Bei der Platzierung der Gäste gilt zuerst einmal: Herren und Damen sitzen jeweils abwechselnd. Auch Paare werden hierbei getrennt, sie sollten aber nicht allzu weit voneinander entfernt platziert sein; möglich ist etwa, dass sie einander schräg gegenübersitzen.

Der Gast mit dem höchsten gesellschaftlichen Rang darf zur Linken der Frau des Hauses sitzen (international gilt die Regel umgekehrt: der Ranghöchste nimmt zur Rechten der Dame des Hauses Platz), während die ranghöchste Frau rechts vom Hausherrn sitzt. Auf die rechte Seite der Dame des Hauses wird der Herr mit dem zweithöchsten Rang gesetzt. Danach geht es dem Rang gemäß so weiter. Ehefrauen haben dabei den gleichen Stellenwert wie Männer und umgekehrt.

Als Gast setzt man sich erst zu Tisch, wenn die Dame des Hauses Anstalten macht, ihren Platz einzunehmen. Die Herren sollten die Gelegenheit nutzen, ihren jeweiligen Tischnachbarinnen den Stuhl zurechtzurücken, bevor sie sich selbst setzen.

**INFO**

**Je näher ein Gast beim Gastgeber sitzen darf, desto höher ist sein Rang einzustufen.**

Folgende Rangfolge sollte immer beachtet werden:

Als ranghöher gelten
- fremdländische Gäste gegenüber inländischen,
- Ältere gegenüber Jüngeren,
- Gäste gegenüber Verwandten,
- Mitglieder fremder Unternehmen gegenüber denen des eigenen.

Eine besondere Stellung kommt Kindern zu. Diese füllen eventuelle Lücken in der Tischordnung.

Ausnahmen können weiterhin bei Gästen mit „exotischen" Berufen oder bei ausländischen Gästen gemacht werden. Weiß man, dass sich bestimmte Gäste auf eben jenen speziellen Beruf oder genau auf diese Sprache verstehen, dann darf man, ungeachtet des Ranges, diese Gäste durchaus nebeneinandersetzen.

**INFO**

**Oberstes Gebot beim Erstellen einer Tischordnung ist immer: Niemand sollte isoliert an einem Tisch sitzen, ohne die Möglichkeit einer Unterhaltung zu haben.**

Ist bei der Einladung ein „Damenüberschuss" absehbar, so müssen einzelne Herren dazu eingeladen werden, da nie eine Dame neben einer anderen Dame sitzen darf. „Herrenüberschuss" hingegen ist erlaubt, man darf einen Herrn also neben einen anderen Herrn platzieren.

Ist die Einladung privater Natur, gelten nicht ganz so strenge Regeln. Allerdings sollten die Gastgeber nie mehrere Paare, die sich bereits kennen, nebeneinandersetzen. Es bilden sich sonst sofort kleine Grüppchen, aus denen manche Gäste ausgeschlossen werden.

Um ein besseres Kennenlernen unter den Gästen zu garantieren und um Eintönigkeit zu vermeiden, setzt man Paare auch bei privaten Anlässen häufig auseinander.

### Festreden

Festreden können so zahlreich und unterschiedlich wie die Anlässe selbst sein. Jedoch sollte man sich auch hier einiger Regeln bewusst sein: Beim Aperitif ist es üblich, dass eine erste kleine Begrüßungsrede vom Gastgeber (bei privaten Festen darf durchaus auch die Gastgeberin das Wort ergreifen) gehalten wird.

Gibt es mehrere Redner, dann sollte der Hauptredner nach dem Dessert sprechen, die anderen können zwischen den Gängen ihre Vorträge zum Besten geben, wobei die übliche Rangfolge einzuhalten ist: Dem Ranghöchsten wird zuerst das Wort erteilt, die anderen dürfen nach ihm sprechen (bezüglich der Rangfolge abwärts).

**INFO**

**Je offizieller eine Veranstaltung ist, desto größere Bedeutung haben die genaue Reihenfolge und der Zeitpunkt einer Rede.**

Damit es bei mehreren Rednern kein Durcheinander gibt, ist es ratsam, eine Rednerliste zu erstellen und die Redner im Vorfeld auf die Zeit, die ihnen zur Verfügung steht, aufmerksam zu machen. Diese Zeit sollte von keinem der Redner überschritten werden, gemäß dem Grundsatz: „In der Kürze liegt die Würze."
Die Redner sollten sich für die Vorbereitung einige Tage Zeit nehmen, sich überlegen, was sie sagen wollen, der Rede eine Struktur geben und sich für den Vortrag die wichtigsten Stichwörter notieren.

### Danksagung

Leider wird oft nach einer Veranstaltung die Danksagung vergessen. Es ist immer noch üblich und gehört zum guten Ton, dass man sich in den darauffolgenden Tagen bei den Gästen für die Feier bedankt. Dabei ist es gleichgültig, ob man dies in mündlicher oder schriftlicher Form tut.

**INFO**

**Schriftliche Danksagungen sollten immer mit der Hand geschrieben werden und in einem persönlichen Stil gehalten sein.**

Geschriebene Danksagungen sollten eine persönliche Note besitzen. Nur in Ausnahmefällen (bei großen Veranstaltungen wie Hochzeiten oder Beerdigungen) ist es gestattet, vorgedruckte Karten zu verwenden, da es die Masse der Gäste nahezu unmöglich macht, alles handschriftlich zu verfassen.

**AUF EINEN BLICK**

- → Auf der Einladung keine Angaben vergessen (wer, wo, wann, ...).
- → Den Anlass klar herausstellen.
- → Paare am besten mit vollem Namen ansprechen.
- → Offizielle Einladungen sind formeller gehalten als private.
- → Für größere Veranstaltungen Tischkarten anfertigen.
- → Für die Tischordnung ein Placement erstellen und im Vorraum aushängen oder -legen.
- → Die Tischordnung wird nach Rangfolge der Gäste erstellt.
- → Eine Dame sitzt immer zwischen zwei Herren.
- → Alle Gäste werden mit Handschlag begrüßt.
- → Der Gastgeber hält eine Begrüßungsrede.
- → Weitere Reden werden zwischen den Gängen gehalten.
- → Der Hauptredner spricht nach dem Dessert.
- → Danksagung an die Gäste nicht vergessen.

## 5.2 Anlässe privater Natur

**Geburtstag**

Auf welche Art und Weise der Geburtstag mit Kollegen und Vorgesetzten gefeiert wird, ist sowohl vom Unternehmen als auch vom Verhältnis der Mitarbeiter untereinander abhängig. Oft lädt man an seinem Geburtstag zu einem Umtrunk ein oder bringt Kuchen mit. Hat ein Mitarbeiter oder Vorgesetzter Geburtstag, ist es selbstverständlich, persönlich zu gratulieren. In manchen Unternehmen ist es üblich, dass die betreffende Abteilung ein Geschenk macht. Handelt es sich um einen runden Geburtstag, wird man unter Umständen zu einem größeren Fest eingeladen. Hierbei gilt es zu beachten, dass der Vorgesetzte eventuell auch bei diesem Anlass beobachtet, wie sie sich in verschiedenen Situationen verhalten. Sie sollten daher von der Wahl Ihrer Kleidung bis zum gekonnten Small Talk all diejenigen Dinge beachten, die im Zusammenhang mit Geschäftsessen erwähnt wurden. Bemühen Sie sich auch, die gesamte Feier über einen klaren Kopf zu bewahren – also kein übermäßiger Alkoholkonsum, auch wenn die Stimmung noch so gut sein sollte.

### Hochzeit

Die Hochzeit eines Kollegen oder Vorgesetzten ist immer ein freudiges Ereignis. Selbst wenn man nicht zur Trauung eingeladen ist, sollte man es nicht versäumen, mit einer Karte und einem Blumenstrauß oder einem anderem Geschenk zu gratulieren. Oft ist es so, dass alle Kollegen zusammenlegen und gemeinsam etwas aussuchen.

Ist man zur Hochzeitsfeier eingeladen, gelten folgende Regeln: Zur standesamtlichen Trauung sollte man auf alle Fälle in eleganter Kleidung erscheinen. Bei der kirchlichen Hochzeit und der anschließenden Feier tragen die männlichen Gäste – falls es nicht anders vorgeschrieben ist – einen Anzug nach Wahl (vgl. Kap. 2.1). Die Frauen sollten kein weißes Kleid oder Kostüm tragen, denn diese Farbe ist immer der Braut vorbehalten. Im Allgemeinen ist unbedingt darauf zu achten, dass sich die Gäste an den vom Brautpaar gewünschten Stil halten.

**INFO**

**Sprechen Sie sich mit dem Brautpaar vor der standesamtlichen Hochzeit ab, damit Sie nicht eleganter gekleidet erscheinen als das Brautpaar selbst.**

### Todesfall

Nachdem man von dem Todesfall erfahren oder eine Todesanzeige erhalten hat, gehört es sich, an die Trauernden eine Karte oder einen handschriftlichen Beileidsbrief zu verfassen. In dem Schreiben sollten die Leistungen sowie die positiven Eigenschaften des Verstorbenen erwähnt und den Hinterbliebenen Trost gespendet werden.

Denken Sie darüber nach, ob möglicherweise das Besorgen eines Kranzes angebracht ist. Meist ist es so, dass man sich mit der betreffenden Abteilung absprechen kann und gemeinsam einen Kranz organisiert.

**AUF EINEN BLICK**

- → Auch während ausgelassener Feiern die Regeln des guten Benehmens nicht außer Acht lassen.
- → Für alle Feiern gilt: Nicht zu viel Alkohol trinken.
- → Auch wenn die Kollegen nicht zur Hochzeit eingeladen sind, wird von der Abteilung eine Karte, vielleicht auch ein Geschenk organisiert.
- → Zur Hochzeit in eleganter Kleidung erscheinen.
- → Nicht eleganter gekleidet als das Brautpaar erscheinen.
- → Weibliche Hochzeitsgäste tragen kein Weiß.
- → Bei Todesfall einen Kondolenzbrief an Hinterbliebene schreiben.
- → Über einen Verstorbenen nicht negativ sprechen.
- → Eventuell Kranz für Beerdigung organisieren.

## 5.3 Offizielle Anlässe

### Jubiläum

Ein Jubiläum wird in den meisten Fällen von der Geschäftsleitung ausgerichtet, wobei ein Mitglied der Geschäftsleitung dann auch häufig eine Rede auf den Jubilar hält. Hier passt als Geschenk neben einer Karte ein schöner Blumenstrauß, Pralinen oder eine Flasche Wein. Allzu persönliche Geschenke eignen sich für diesen Anlass nicht. Auch bei Firmenjubiläen liegt man mit einer Karte in Verbindung mit Blumen nie falsch.

### Verabschiedung

Geht man nicht im Streit auseinander, ist es üblich, einen Ausstand zu geben. Dieser sollte allerdings nicht zum Schauplatz der Abrechnung mit Kollegen und Vorgesetzten werden. Sie machen sich dabei nur lächerlich und es entsteht eine peinliche Atmosphäre. Wenn Sie für einen ausscheidenden Kollegen eine Rede vorbereiten wollen, sollten Sie andererseits auch von übertriebenem Lob absehen.

**INFO**

**Zu einer Feier, die im Büro stattfindet, sollte man keine auffällige Kleidung tragen.**

### Bälle

Zu Bällen tragen die Herren normalerweise einen Smoking und die Damen ein Ballkleid.

Bevor man am Tisch Platz nimmt, begrüßt man die bereits anwesenden Personen. Kennt man diese nicht, macht man sich bekannt, bevor man sich hinsetzt. Der Herr stellt dabei zunächst sich und anschließend die Dame vor.

**INFO**

**Bei Bällen einer geschlossenen Gesellschaft ist es für die Herren Pflicht, mit jeder Dame am Tisch mindestens einmal im Laufe des gesamten Abends zu tanzen.**

## AUF EINEN BLICK

- → Blumen, Pralinen oder Wein sind immer ein passendes Geschenk für ein Jubiläum.
- → Schreiben Sie Glückwünsche immer mit der Hand.
- → Der Ausstand beim Verlassen des Unternehmens darf nicht zum Ort der Abrechnung gemacht werden.
- → Keine übertriebenen „Lobeshymnen“ auf den scheidenden Mitarbeiter ausbringen.
- → Bei Feiern im Büro ist dezente Kleidung angesagt.
- → Beim Ball begrüßt man die Anwesenden am Tisch und stellt sich gegebenenfalls vor.
- → Bei Bällen einer geschlossenen Gesellschaft tanzt der Herr mit jeder Dame am Tisch.
- → Immer genau die Kleiderordnung eines Balls beachten.
- → Eine Dame sollte nie alleine am Tisch sitzen.

## 5.4 Bewerbungsgespräche

Bevor man zu einem Vorstellungsgespräch geht, sollte man sich eingehend über das betreffende Unternehmen und seine Mitarbeiter informieren, um gut auf das Gespräch vorbereitet zu sein. Dazu gehört die Kenntnis der wichtigsten Namen (direkter Vorgesetzter, Geschäftsführer), der gängigen Firmenprodukte sowie der Firmenphilosophie. Weiterhin sollte man über die wirtschaftliche Lage des Unternehmens im Rahmen gesamtwirtschaftlicher Zusammenhänge Bescheid wissen sowie die Größe des Unternehmens (Anzahl der Mitarbeiter, Firmenzweige) kennen.
Um diese Angaben zu erhalten, kann man sich im Internet (entsprechende Homepage), mithilfe einschlägiger Zeitungen und Zeitschriften (Wirtschaftszeitungen, wichtige Tageszeitungen), bei der IHK (Industrie- und Handelskammer) oder bei Mitarbeitern des Unternehmens, die einem bekannt sind, informieren.

**INFO**

**Kommen Sie unbedingt pünktlich zu Ihrem Vorstellungstermin. Verspäten Sie sich, stehen Ihre Chancen schon von Anfang an schlecht.**

Die Kleidung, die man beim Vorstellungsgespräch trägt, sollte sehr sorgsam ausgewählt werden, da oft der erste Eindruck der entscheidende ist (und dieser ist nun einmal der optische). Im Allgemeinen ist zu formeller Kleidung zu raten (vgl. Kap. 2.1). Man sollte bei der Entscheidung aber zudem die Art des Unternehmens, die Branche und die Position, um die man sich bewirbt, berücksichtigen. Eine Rolle können außerdem regionale Aspekte spielen (befindet sich das Unternehmen in einer Großstadt oder auf dem Land?).

Zum ersten Eindruck zählen außerdem die Körperhaltung und die allgemeinen Umgangsformen. So ist besonders darauf zu achten, dass man seinem Gegenüber nicht abgeneigt erscheint, etwa durch Verschränken der Arme (vgl. Kap. 2.3). Außerdem sollte die Haltung nicht zu leger wirken, beispielsweise, indem man einen Fuß auf das Knie des anderen Beines legt oder sich allzu breitbeinig hinsetzt.

Betritt man den Raum, sollte man seine Jacke bereits abgelegt haben (nicht das Jackett oder die Kostümjacke), am besten fragt man bereits im Vorzimmer nach einer Garderobe. Wird man nicht ins Zimmer geführt, klopft man an und tritt ein.

Die Begrüßung erfolgt mit Handschlag, wobei man allerdings wartet, bis einem die Hand gereicht wird (bei der Verabschiedung wartet man ebenfalls darauf und reicht nicht als Erster die Hand). Erst nach einer entsprechenden Aufforderung nimmt man Platz. Verlässt man nach dem Gespräch das Unternehmen wieder, verabschiedet man sich nicht nur von seinem Gesprächspartner, sondern auch von der Sekretärin.

**INFO**

**Bedanken Sie sich hinterher in jedem Fall für das Gespräch, selbst wenn es nicht ganz zufriedenstellend gelaufen ist.**

## AUF EINEN BLICK

- → Vor einem Vorstellungsgespräch ausreichend Informationen zum jeweiligen Unternehmen einholen.
- → Unbedingt pünktlich erscheinen.
- → Kleidung sorgfältig auswählen.
- → Auf Körpersprache achten.

# Die erfolgreiche schriftliche Bewerbung

Mit der schriftlichen Bewerbung liefern Sie den ersten Eindruck Ihrer Persönlichkeit. Bedenken Sie, dass Ihre Bewerbung unter vielen anderen durch Professionalität herausragen soll. Geben Sie sich daher für die optimale Gestaltung Mühe – auch wenn es Zeit und vielleicht auch mal etwas mehr Geld kostet.

- Sie benötigen unbedingt ein professionelles, vom Fotografen angefertigtes Bewerbungsfoto.
- Achten Sie auf Ihre Frisur – eventuell können Sie vor dem Fototermin einen Friseurbesuch einplanen. Frauen sollten ein dezentes Make-up auflegen und sich nicht zu viel schminken.
- Tragen Sie etwas Klassisches: Herren wählen am besten Anzug, Hemd und Krawatte. Frauen können Blazer und Bluse tragen, z. B. mit einem Tuch als farbigem Akzent.
- Kaufen Sie eine hochwertige Bewerbungsmappe in gedeckten Farben – kein Schwarz, aber auch kein Giftgrün.
- Benutzen Sie qualitativ hochwertiges und exakt für Ihren Tintenstrahl- oder Laserdrucker bestimmtes weißes Papier.
- Wählen Sie eine schlichte, gebräuchliche Schrifttype mit möglichst wenigen Schnörkeln o. Ä. Das Wichtigste ist die gute Lesbarkeit und die Seriosität der Schrift.
- Soll der Lebenslauf handschriftlich angefertigt werden, achten Sie auf besondere Sorgfalt bei Zeilenabständen und Seitenrändern. Sie müssen sich keineswegs um eine wie gemalte Schönschrift bemühen, sondern Ihre individuelle Handschrift ordentlich zu Papier bringen.
- Achten Sie auf Ihre Unterschrift – schreiben Sie mit Tinte.
- Lesen Sie die Bewerbung mehrmals sorgfältig durch, bevor Sie sie abschicken – auch Rechtschreib- und Flüchtigkeitsfehler können als Unhöflichkeit gewertet werden.

INFO

# 6. Auf Geschäftsreise im Ausland



## 6.1 Respekt und Aufgeschlossenheit gegenüber anderen Kulturen

Interkulturalität und der Kontakt mit Menschen aus aller Welt sind aus dem heutigen Berufsleben nicht mehr wegzudenken. Dies bedeutet allerdings, dass man sich mit den Sitten und Gebräuchen anderer Kulturen beschäftigen muss, um Missverständnisse zu vermeiden.

**INFO**

**Als wichtigste Regel gilt: Immer Leute und Land respektieren.**

Man sollte es tunlichst vermeiden, immer wieder Vergleiche mit der eigenen Heimat anzustellen und diese dann auch noch öffentlich auszusprechen, in der Art wie: „Aber bei uns ...“. Der ausländische Partner fühlt sich in so einem Fall zu Recht von einem Fremden in ein schlechtes Licht gesetzt. Kontakt mit anderen Kulturen heißt, andere Gepflogenheiten kennenzulernen, keine besseren und keine schlechteren – nur eben andere.

### Sprache

Ein weiterer wichtiger Punkt bei internationalen Kontakten ist die Sprache. Zu wissen, in welcher Sprache man sich in dem jeweiligen Land verständigen kann, ist nicht nur für ein Mindestmaß an Kommunikation unerlässlich, es zeugt auch von einer gewissen Höflichkeit, wenn man zumindest gängige Wörter wie „bitte“ und „danke“ in der jeweiligen Landessprache beherrscht.

Allerdings sollte man auch erkennen, wo die eigenen Fremdsprachenkenntnisse ihre Grenzen haben. Ein gewisses Bemühen wird zwar durchaus anerkannt, sind die Kenntnisse der Sprache aber allzu geringfügig, wird man nicht mehr verstanden. In ein furchtbares Kauderwelsch zu verfallen, ist manchmal eher peinlich und oft auch unnötig.

### Kleidung und Esskultur

In jedem Land gibt es eine Reihe von Traditionen, die so unterschiedlich sind, dass es unbedingt notwendig ist, sich vorab darüber zu informieren. Tabus, die in einem Land herrschen, sollten auf keinen Fall gebrochen werden.

Die Beibehaltung einiger Sitten des eigenen Landes muss aber nicht unbedingt eine solche Verletzung darstellen. So ist es fast überall akzeptiert, wenn man sich als Fremder seine Esskultur bewahrt und beispielsweise in asiatischen Gegenden nicht hilflos mit Stäbchen herumhantiert. Hingegen gilt das Tragen knapper Kleidung in Moscheen als eine herbe Verletzung der islamischen Kultur.

**INFO**

**Bei Geschäftspartnern aus südlicheren Regionen oder aus arabischen Ländern sowie auf Geschäftsreisen dorthin sollte man weibliche Reize eher verstecken, als offen zur Schau stellen. Dieser Grundsatz sollte allerdings im Berufsleben sowieso selbstverständlich sein!**

In vielen Ländern wird knappe Bekleidung, vor allem beim weiblichen Geschlecht, generell als Provokation angesehen. Man sollte sich also durchaus danach richten, wenn man sich auch nicht allen Einschränkungen zu unterwerfen hat, die für einheimische Frauen gelten. Wichtig ist auch hier, das Taktgefühl entscheiden zu lassen und dem fremden Land den Respekt zu zollen, der ihm als Gastland gebührt.

Zur Garderobe im Allgemeinen ist noch zu sagen, dass auch außerhalb geschäftlicher Kontakte Strandkleidung und Jogginganzüge oder andere Sportbekleidung in Restaurants und feinen Cafés, bei einem Stadtbummel oder einer Besichtigung fehl am Platze sind.

**INFO**

**Kleiden Sie sich bei Geschäftsreisen immer so, dass es Ihnen nicht peinlich sein muss, wenn Ihnen einmal unvermittelt ein Vorgesetzter über den Weg laufen sollte.**

### Der Besuch von Heiligtümern

Falls man im Rahmen einer Geschäftsreise Kirchen, Synagogen, Moscheen oder sonstige heilige Stätten besichtigt, sollte man sich im Voraus genau über die Gepflogenheiten informieren, die an diesen heiligen Orten herrschen. Es darf beispielsweise nicht jede Moschee von Frauen oder Andersgläubigen betreten werden. Generell ist Besuchern das Betreten nur dann erlaubt, wenn gerade keine Zeremonie stattfindet und sie sich absolut still verhalten.

**INFO**

**Eine Moschee sollte nie während des Freitagsgebets betreten werden.**

Die Kleidung hat bei einem Moscheebesuch immer dezent und keinesfalls zu knapp zu sein. Schultern, Arme und Beine müssen bedeckt sein, die Schuhe zieht man vorher aus oder man streift sogenannte Überschuhe, die manchmal zur Verfügung stehen, über die eigenen Schuhe.

Auch christliche Kirchen sollten in angemessener Kleidung betreten werden, also nicht in kurzen Hosen oder Röcken und schulterfreien T-Shirts. Besonders in südlichen Ländern tragen Frauen beim Besuch einer Kirche üblicherweise eine Kopfbedeckung (Hut, Schal oder Tuch); Männer hingegen nehmen ihre Kopfbedeckung ab, wenn sie das Gotteshaus betreten.

Im Gegensatz dazu ist es in Synagogen Vorschrift, dass Frauen und auch Männer eine Kopfbedeckung tragen. Während der Gottesdienste halten sich die Männer in der Halle auf und die Frauen auf der Empore. Will man an solch einem Gottesdienst teilnehmen, fügt man sich dieser Tradition.

### Als Frau alleine unterwegs

Frauen, die alleine reisen, sollten über einige Regeln Bescheid wissen. Vor allem in arabischen Ländern kann es zu Komplikationen kommen. Einige dieser Staaten knüpfen die Vergabe von Visa an alleinreisende Frauen an bestimmte Bedingungen. Um sicherzugehen, dass alles ohne Komplikationen abläuft, sollte man sich frühzeitig erkundigen, beispielsweise im Reisebüro oder bei den entsprechenden Ämtern.

In einigen arabischen Ländern wird Frauen ohne Begleitung auch der Zugang zu Restaurants oder anderen öffentlichen Einrichtungen verweigert. Außerdem sollte man in diesen Ländern generell darauf achten, dass die Kleidung dezent ist, dass also Schultern, Oberarme und Beine auf jeden Fall bedeckt sind. In internationalen Hotels gibt es für alleinreisende Frauen keine größeren Probleme. Im Restaurant kann es geschehen, dass man als Dame ohne Begleitung einen schlechten Tisch zugewiesen bekommt. In diesem Fall bittet man höflich um einen anderen Tisch. Das darf man auch, wenn man zu anderen Gästen an einen Tisch gesetzt wird.

### Fotografieren

Schließt die Geschäftsreise eine Besichtigungstour ein oder hat man die Gelegenheit, sich eigenständig etwas umzuschauen, ist es natürlich schön, ein paar Fotos zur Erinnerung zu machen. Leider wird dabei nicht immer auf die Bewohner des Landes Rücksicht genommen und die grundsätzlichen Regeln im Umgang mit anderen werden verletzt. So werden oft Einheimische fotografiert, ohne sie vorher um Erlaubnis zu fragen. Respektlos ist es auch, bei religiösen Feiern und Zeremonien zu fotografieren oder Bilder von armen Menschen in Elendsvierteln zu machen.

### Trinkgeld

Als Faustregel gilt in den meisten Ländern: 10–15 Prozent des Rechnungsbetrages sollte man als Trinkgeld auf die verlangte Summe drauflegen. In einigen Ländern wie den USA ist ein höherer Aufschlag üblich. Neben dieser Faustregel sollte man aber beachten, dass es Länder gibt, in denen die Menschen Trinkgeld nicht als Teil des Gehaltes ansehen (wie es beispielsweise in Deutschland üblich ist), sondern darin eine persönliche Herabsetzung sehen. Um solche Fehler zu vermeiden, sollte man sich vorher erkundigen, wie die Trinkgeldregelung im jeweiligen Reiseland ist.

**INFO**

**Wenn Sie im Hotel bereits zu Beginn des Aufenthalts Trinkgeld geben, kann Ihnen dies hinsichtlich des weiteren Service nur zugutekommen.**

**AUF EINEN BLICK**

- → Respekt vor anderen Kulturen und Religionen zeigen.
- → Vor dem Besuch Informationen über das Gastland einholen.
- → Die wichtigsten Wörter der fremden Sprache lernen („bitte“, „danke“, „Entschuldigung“ etc.).
- → Fremde nicht ungefragt fotografieren.
- → Auf knappe, enge und durchsichtige Kleidung (z. B. Shorts, Miniröcke) sollten vor allem Frauen in südlichen und arabischen Ländern weitgehend verzichten.
- → Keine Freizeitbekleidung in feinen Restaurants, Cafés, bei einem Stadtbummel oder einer Besichtigung.
- → Keine Zeremonien in Gotteshäusern stören.
- → Sich vorher über die übliche Höhe des Trinkgeldes im Gastland erkundigen.

## 6.2 Anreise

**Reisen im Flugzeug**

Die Rücksichtnahme beginnt beim Fliegen schon während des Eincheckens. Am Flughafen stellt man sich in die Reihe, ohne den Vordermann mit seinen Taschen und Koffern zu bedrängen. Nachdem man seinen Koffer auf die Waage gehoben hat, zeigt man sein Flugticket vor und nennt gegebenenfalls noch einige Wünsche (Platz am Gang, Fensterplatz usw.). Beim Einsteigen und Aufsuchen des Sitzplatzes sollte man nicht drängeln. Falls man Handgepäck mit sich führt, muss dies der Sicherheit wegen in der Gepäckablage untergebracht werden. Dabei ist darauf zu achten, dass man schwere Taschen nicht auf bereits verstaute Mäntel oder Jacken legt.

Hat man im Flugzeug Platz genommen, richtet man die Frischluftdüsen nur auf sich selbst aus, um den Nachbarn nicht zu belästigen. Möchte man den Sitz nach hinten kippen, überzeugt man sich vorher davon, dass beim Hintermann das Tischchen hochgeklappt ist, um Pannen zu vermeiden.

6

**INFO**

**Fragen Sie der Höflichkeit wegen Ihren Hintermann um Erlaubnis, wenn Sie Ihren Sitz nach hinten kippen möchten, da dessen Bewegungsfreiheit durch das Zurückklappen stark eingeschränkt werden kann.**

Möchte man sich zur Toilette begeben, tut man das möglichst nicht während des Essens (denn dazu müssten die Nachbarn ihre Tische hochklappen) oder kurz vor der Landung. Da die Anzahl der Waschräume meist sehr beschränkt ist, zeugt es von großer Unhöflichkeit, seine ausgiebige Morgentoilette darin vorzunehmen.

**Reisen mit dem Auto**

Stellt die Firma für die Geschäftsreise einen Firmen- oder Mietwagen zur Verfügung, sollte man bedenken, dass es in manchen Ländern unter Umständen nicht ganz ungefährlich ist, mit dem Auto zu reisen. Deshalb sollten Sie vor allem darauf achten, dass Ihr Kofferraum stets verschlossen ist, damit sich niemand an Ihren Sachen vergreift. Ebenso sollten im Auto keine Wertgegenstände sichtbar herumliegen. So lässt sich oft von vornherein das Risiko eines Diebstahls vermindern.

**Reisen mit der Bahn**

Das Reisen mit der Bahn erfordert eine gewisse Rücksichtnahme den anderen Reisenden gegenüber. Betritt man ein Zugabteil, begrüßt man die Anwesenden. Möchte man ein Kleidungsstück wechseln oder sich schminken, sollte man dies nur im Waschraum tun. Die Schuhe behält man selbstverständlich während der ganzen Fahrt an. Abfälle werden in die dafür vorgesehenen Behälter gegeben, gelesene Zeitungen hingegen kann man auch anderen Fahrgästen anbieten oder im Gepäcknetz verstauen. Erst nach vorheriger Absprache sollte man die Heizung höher oder niedriger stellen, das Fenster öffnen oder schließen, Licht an- und ausschalten. Weiterhin sollte man darauf achten, dass die eigene Beinstellung Gegenübersitzende nicht behindert. Möchte man ein Gespräch mit einem Mitreisenden beginnen, sollte man dies nur dann tun, wenn dieser nicht liest oder ruht.

**INFO**

**Um andere Personen nicht zu behindern, stellt man sein Gepäck in den dafür vorgesehenen Gepäckablagen ab und nicht in den Gängen.**

Wenn man mehrere Koffer mit sich führt, ist es ratsam, sie als Reisegepäck aufzugeben, sofern der Zug einen Gepäckwagen besitzt. Außerdem sollte man Mitreisenden helfen, wenn man sieht, dass sie beim Verstauen des Gepäcks oder beim Ein- oder Aussteigen Probleme mit ihren Koffern oder Taschen haben.

Fährt man im Schlafwagen und teilt sich das Abteil mit einer anderen Person, sollte man Zeiten für die Morgen- und Abendtoilette vereinbaren, um Missstimmungen zu vermeiden. Der Reisende, der in der oberen Liege schläft, legt sich normalerweise zuerst ins Bett. Der andere verlässt das Abteil, während sich sein Abteilgenosse umkleidet.

Sollte man einmal während des Schlafens gestört werden, etwa durch Geschrei oder Schnarchen, kümmert man sich nicht selbst darum, sondern holt in diesem Fall den Schaffner, der für die Nachtruhe zu sorgen hat.

Auch für das Verhalten im Speisewagen gibt es bestimmte Regeln. Sitzen bereits Personen am Tisch, begrüßt man diese. Allerdings ist es nicht nötig, ein Gespräch anzufangen. Hat man sein Essen beendet, sollte man nach Begleichen der Rechnung den Speisewagen wieder verlassen und nicht länger als nötig sitzen bleiben.

## AUF EINEN BLICK

- → Rücksichtnahme auf andere im Flugzeug oder Zug (nicht drängeln, Schuhe anbehalten, Gepäck gut verstauen, Sitz nicht ungefragt zurückklappen, Mitreisende nicht stören oder behindern etc.).
- → Bei Beschwerden Stewardess oder Schaffner holen.
- → Waschräume nicht länger als nötig aufsuchen.
- → Keine Wertgegenstände sichtbar im Auto liegen lassen.

6

## 6.3 Unterkunft

### Im Hotel

Hat man ein Zimmer in einem Hotel der Luxusklasse gebucht, ist es selbstverständlich, dass die Kleidung dem Stil angemessen sein sollte. Im Restaurant werden für das Dinner Anzug und Krawatte erwartet. Herren, die ohne Krawatte oder Sakko zum Essen erscheinen, werden meist abgewiesen.

Außerdem erwartet man in diesen Hotels, dass der Gast sich bedienen lässt. Er hat dementsprechend darauf zu achten, dies auch zuzulassen, beispielsweise kümmert sich der Hausdiener oder Taxifahrer bei der Ankunft um das Gepäck, wofür er ein Trinkgeld erwartet. Um sich von Anfang an richtig zu verhalten, erkundigt man sich vorher einfach genau nach dem Standard des Hotels, das man gebucht hat.

**INFO**

**Das Hotelpersonal sollte immer höflich behandelt werden, egal, ob es sich um den Rezeptionschef, die Servicekraft oder die Putzfrau handelt.**

Bei eventuellen Beschwerden ist es absolut unangebracht, dem Personal gegenüber unverschämt oder ausfallend zu werden. Man sollte Reklamationen zwar direkt und deutlich, aber ebenso höflich vorbringen. Auch wenn die Zimmer aufgeräumt werden, sollte man als Gast immer darauf achten, dass alles in einem dem Personal zumutbaren Zustand hinterlassen wird, also einigermaßen sauber und ordentlich. Dazu gehört beispielsweise, dass man die Kleidung in den Schrank räumt und nicht auf Bett und Stühle verteilt. Der Müll gehört in den Abfalleimer.

Im Bad befinden sich oft kleine Utensilien wie Seife, Shampoo und Duschgel. Diese Artikel dürfen während des Aufenthalts benutzt und später, wenn man abreist, mitgenommen werden – ganz im Gegensatz zu den Gegenständen, die dem Hotel gehören, wie Handtücher, Aschenbecher, Bademäntel etc. Handtücher dürfen außerdem nicht zum Putzen der Schuhe oder als Strandtuch benutzt werden.

Viele Hotels bieten für ihre Gäste ein Frühstücksbuffet an. In manchen Fällen bedient man sich ausschließlich selbst am Buffet, in einigen Hotels werden die warmen Speisen und die Getränke serviert. Auf alle Fälle sollte man sich erst einmal zu einem Tisch führen lassen, Platz nehmen, um sich dann erst später am Buffet zu bedienen. Vorher kann man beim Kellner warme Getränke bestellen. Direkt vom Buffet etwas mitzunehmen, gilt als extrem unfein und sollte daher auch auf jeden Fall unterlassen werden. Außerdem muss man darauf achten, den Speiseraum immer korrekt gekleidet zu betreten, ob zum Frühstück, Mittag- oder Abendessen. Das heißt: Freizeitkleidung wie Jogginghosen oder Hausschuhe ist in gehobeneren Hotels tabu.

**INFO**

**Bei der Abreise hinterlässt man die Zimmer so, wie man sie vorgefunden hat (ohne Flecken, Beschädigungen usw.). Selbstverständlich bleiben alle Gegenstände, die Eigentum des Hotels sind (z. B. Aschenbecher, Bilder, Handtücher, Bademäntel usw.), im Zimmer zurück.**

**AUF EINEN BLICK**

- **Personal höflich behandeln.**
- **Kleidung dem Stil des Hotels anpassen.**
- **Vom Frühstücksbuffet nichts mit aufs Zimmer nehmen.**
- **Zimmer sauber hinterlassen.**

## 6.4 Länder und ihre Gebräuche

### Ägypten

Obwohl vor allem bei der jüngeren Generation europäische Sitten Einzug gehalten haben, ist der größte Teil Ägyptens immer noch geprägt von arabisch-islamischen Traditionen. Als nationale Feiertage gelten die moslemischen. Gemäß dem Islam hat die Frau vor allem in der Öffentlichkeit immer noch eine untergeordnete Stellung inne. Diese Haltung sollten Frauen, die in die betreffenden Länder reisen, auch berücksichtigen. So ist der „Salam“ – ein Gruß, der einem Händeschütteln gleichkommt – nur unter Männern verbreitet; nie wird er zwischen einem Mann und einer Frau ausgetauscht.

Ferner gehört es sich nicht, unangemeldet in einem Privathaus zu erscheinen. Werden Sie in das Haus eines Ägypters eingeladen, so gilt diese Einladung nur für den Mann, es sei denn, die Frau wurde ausdrücklich mit eingeladen. Es gehört sich auch nicht, nach abwesenden Frauen oder Töchtern zu fragen, wenn man bei Einheimischen zu Gast ist.

Das Essen wird traditionell auf einer großen Platte serviert. Vorher bekommt man Wasser und Becken zum Händewaschen gereicht. Dann setzt man sich auf den Boden um die Platte herum und legt die Serviette auf die Knie. Gegessen wird stets mit der rechten Hand, da die linke Hand als unrein gilt. Ist das Essen vorbei, darf der Gast sich die Hände waschen und aufstehen. Anschließend muss er darum bitten, gehen zu dürfen.

**INFO**

**Die Regeln, die den Islam betreffen, gelten natürlich nicht nur für Ägypten, sondern für alle Länder, in denen der Islam Hauptreligion ist.**

### Australien

Australier sind besonders eng mit den Traditionen der Briten verbunden. So begrüßt man sich im Allgemeinen mit „How do you do?“, die Hand gibt man sich dabei allerdings nicht. Die Vorstellung erfolgt meist nur mit dem Vornamen „My name is ...“ Demgegenüber stehen die strengen britischen Regeln, wie etwa in gewissen Clubs (z. B. strenge Kleiderordnung).

Geht man zum Essen in ein vornehmes Restaurant, empfiehlt sich für die Herren ein Anzug mit Krawatte, für die Damen elegante Garderobe, außer es heißt ausdrücklich „casual dress“, dann kann man auch etwas legerer kommen. Die Tischsitten der Australier entsprechen weitgehend denen der Briten, jedoch legt man beide Hände auf die Knie, bis alle am Tisch bedient worden sind.

**Belgien**
In Belgien werden zwei Hauptsprachen gesprochen: Französisch und Flämisch. Höflichkeit wird hier großgeschrieben und auch von Gästen erwartet. Zu einer Einladung erscheint man stets pünktlich, gut angezogen und mit einem kleinen Geschenk.

**China**
Die auffallendsten Eigenschaften vieler Chinesen sind Höflichkeit und Ruhe. Auf die Kleidung sollte man in China vor allem als Frau besonders achten, da beispielsweise tiefe Ausschnitte höchst ungern gesehen sind. Wird man zu einem Essen eingeladen, erscheint man pünktlich und spricht innerhalb von 48 Stunden eine Gegeneinladung aus. Erwartet werden bei einer Einladung dezente Kleidung, Interesse und Geduld. Auf Kritik hingegen sollte in China verzichtet werden.

Die Chinesen bitten ihre Gäste mit den Worten „Der Reis ist eröffnet“ zu Tisch. Die erste Portion wird vom Gastgeber serviert, danach dürfen sich die Gäste selbst bedienen. Die Schalen werden dabei allerdings nicht herumgereicht. Nur seiner Begleiterin darf man besondere Köstlichkeiten anbieten und auf den Teller legen. Es wird mit Stäbchen gegessen und die Reisschale darf dabei angehoben werden. Wird ein neuer Gang serviert, hebt der Gastgeber seine Reisweinschale und bittet die Gäste, zu trinken. Zu den Mahlzeiten wird meist Reiswein und Tee getrunken. Um sich Lippen und Hände abzuwischen, werden zwischen den Gängen heiße, nasse Tücher gereicht.

**Frankreich**
In Frankreich wird jede Frau mit „Madame“ angesprochen (und dem Namen, sofern man ihn kennt). Man begrüßt sich mit Küsschen und verwendet häufig die Höflichkeitsfloskel „Bitte“ (s‘il vous plaît). Die Franzosen treffen sich, wenn sie sich verabreden, meist zum Essen. Den Tag beginnen sie mit dem Petit déjeuner, dem Frühstück, welches sich aus Croissants, Baguette und Kaffee zusammensetzt. Das Mittagessen besteht meist aus einem kalten Buffet oder einem kleinen, leichten Essen. Es kann aber auch einmal eine größere Mahlzeit sein, dann handelt es sich in der Regel um ein dreigängiges Menü.

Im Restaurant wartet man üblicherweise am Eingang, bis einem der Ober einen Tisch zuweist. Erlaubt ist in Frankreich sowohl das leichte Schlürfen des Weins als auch das Auftunken der Soße mit einem Stück Weißbrot. Einladungen erfolgen meist erst nach längerer Zeit, wenn man sich etwas besser kennt. Daher ist eine Einladung in das Haus eines Franzosen auch eine besondere Ehre, dementsprechend sollte man mit einer schriftlichen Danksagung reagieren. Im Gegensatz zu vielen anderen Ländern überreicht man in Frankreich Blumensträuße stets mit dem Papier.

Man beginnt erst zu essen, nachdem die Dame des Hauses angefangen hat. Dabei sollte nie vergessen werden, das Essen und die Hausfrau zu loben und deutlich zu zeigen, wie gut einem das Gericht schmeckt. Meist besteht das Essen aus Hors d'œuvre (Vorspeise), Hauptgericht, Salat, Käse, Dessert und Kaffee. Es ist üblich, am nächsten Tag einen nochmaligen Dank auszusprechen.

**Großbritannien**
Die Geduld der Engländer ist sprichwörtlich. So stellt man sich bei langen Schlangen, z. B. an Bushaltestellen, geduldig hinten an und wartet, ohne zu drängeln. Gedrängelt wird auch im Straßenverkehr nicht. Fremd sind ihnen in der Regel auch starke emotionale Äußerungen, spontane Begeisterung, offene Freude und Übertreibung. Ferner ist es wichtig, zu wissen, dass die Engländer Unpünktlichkeit verabscheuen. So tut man gut daran, zu Einladungen auf die Minute genau zu erscheinen und ein kleines Geschenk mitzubringen. Auf den Einladungskarten befindet sich meist ein „dress-code" – ein Vermerk über die Kleidung, die erwünscht ist –, an den man sich unbedingt halten sollte. Ist nichts vermerkt, erscheint man in eleganter, seriöser Kleidung. Nach einer Einladung bedankt man sich am nächsten Tag noch einmal mit ein paar Zeilen auf einer Karte.

Zu den englischen Tischsitten ist zu sagen, dass immer serviert wird. Muss man sich doch ausnahmsweise einmal selbst bedienen, ist es üblich, dem Nachbarn etwas anzubieten, bevor man sich selbst etwas nimmt. Der Umgang mit dem Besteck sieht üblicherweise etwas anders aus als in den meisten anderen europäischen Ländern. Die Gabel hält man mit der Wölbung nach oben und der Löffel für die Suppe wird mit der breiten Seite zum Mund geführt. Messer und Gabel werden auf dem Teller abgelegt, während man etwas trinkt, und die linke Hand befindet sich auf dem Schoß, wird sie nicht zum Halten des Bestecks benötigt.

Die Unterhaltung bei Tisch gestaltet sich eher konservativ. Über Themen wie Krankheiten, Religion, Politik, Beruf, Geld oder das Königshaus (zumindest in kritischer Form) wird dabei nicht geredet, um möglichst keinerlei Konflikte heraufzubeschwören.

### Israel

Die Gesellschaft Israels ist vor allem durch jüdische Traditionen geprägt. Man begrüßt sich nicht per Handschlag und die Kleidung ist locker-leger, außer zu festlichen Anlässen. Jüdische Gastgeber zeigen sich oft in europäischer Tradition. Jedoch ist zu beachten, dass die jüdische Kost von zahlreichen Festtagsbräuchen und Speiseregeln geprägt ist. Einzelne Nahrungsmittel sind ganz verboten (z. B. Schweinefleisch), andere nur in gewissen Zusammenstellungen. An diese Reinheitsregeln sollte man sich auch dann halten, wenn man ein Koscherrestaurant besucht.

### Italien

In Italien wird sehr viel Wert auf Titel – welcher Art auch immer – gelegt. Ob „Dottore“ (nach einem Studium im weitesten Sinne), „Professore“ (Vertreter eines Lehrberufs), „Maestro“ (Künstler in irgendeiner Form) oder „Cavaliere“, wenn kein anderer Titel zur Verfügung steht. Ebenfalls viel Wert wird auf das äußere Erscheinungsbild gelegt. Lieber „overdressed“ als „underdressed“ – so lautet oftmals das Motto.

Als Gast bei einem Italiener bringt man auch immer ein kleines Geschenk mit. Beim Essen gilt es als unhöflich, Parmesankäse abzulehnen oder Teigwaren mit dem Messer zu teilen. Salate bereitet man individuell am Tisch mit Essig und Öl zu und Wein wird nur in Maßen getrunken. Betritt man ein Restaurant, lässt man sich immer vom Kellner an einen Tisch führen. Das Menü besteht normalerweise aus einer Vorspeise, dem ersten Gang (Suppe oder Nudelgericht), dem zweiten Gang (Hauptgericht) und dem Dessert. Als Hauptgericht sollte man keinesfalls ein Nudelgericht bestellen und beim Dessert wählt man zwischen Käse und Dolci (und bestellt nicht beides). Nach dem Essen ist es dann üblich, noch einen Caffè, Cappuccino oder Espresso zu trinken.

### Japan

In Japan spielen alte Traditionen eine sehr große Rolle. Vor allen anderen Regeln gelten diejenigen der Höflichkeit. Das beginnt schon bei der Begrüßung, bei der man sich voreinander verbeugt, wobei man sich nicht in die Augen schaut. Gut bekannt ist wohl auch die Tatsache, dass sich die Japaner wesentlich häufiger bedanken als beispielsweise wir Deutschen. Alles, was anderen gehört, wird gelobt, alles Eigene wird herabgesetzt.

**INFO**

**Da es für Fremde fast unmöglich ist, alle Bräuche und Sitten dieses Volkes zu kennen, erwarten die Japaner dies auch keineswegs. Sie reagieren immer entgegenkommend und höflich.**

Gefühle werden bei den Japanern nicht offen gezeigt, egal, ob es sich um Schmerz oder Freude handelt. Männer haben in Japan gemeinhin den Vortritt, das Drängeln ist in diesem Lande durchaus erlaubt und der Brauch, jemandem einen Platz anzubieten, ist so gut wie unbekannt.

Einige Grundregeln sollte man allerdings unbedingt beachten, wenn man bei einem Japaner zu Gast ist: Die Einladung gilt immer nur für die angesprochene Person. Das heißt, dass der Partner nicht mit eingeladen ist, es sei denn, es wurde ausdrücklich betont. Die Kleidung sollte eher konservativ sein und beim Betreten eines Hauses zieht man die Schuhe aus, mit den Spitzen in Richtung Heimweg zeigend. Außerdem sollte man unbedingt pünktlich erscheinen. Beim Begrüßen verbeugt man sich mindestens dreimal, oft reicht einem aber der Gastgeber auch die Hand, um die Begrüßung zu erleichtern. Man sollte auf jeden Fall ein Geschenk mitbringen, wobei es sich jedoch nur um eine Kleinigkeit handeln sollte.

**INFO**

Speist man im Restaurant, sollte man wissen, dass es in Japan unüblich ist, Trinkgeld zu geben.

Beim Essen sitzt man mit verschränkten Beinen auf dem Boden. Die Stäbchen werden dabei mit der rechten Hand gehalten und die Reisschale darf angehoben werden. Bekommt man etwas angeboten, lehnt man erst zweimal ab, bevor man beim dritten Mal annimmt. Man kostet von jedem Gericht, bevor man nach dem Tee möglichst bald geht.

**Mexiko**

Unter den Mexikanern werden oft Einladungen ausgesprochen, die allerdings nicht allzu ernst zu nehmen sind. Vieles wird hier nur indirekt ausgedrückt, daher wird man selten ein klares „Ja" oder „Nein" zur Antwort bekommen. Wird eine Einladung brieflich oder telefonisch bestätigt, kann man davon ausgehen, dass sie ernst gemeint ist. Man erscheint unbedingt in eleganter Kleidung, muss aber nicht absolut pünktlich sein.

Vorab schickt man einen Blumenstrauß mit ein paar Worten des Dankes an die Gastgeber, daher bringt man zum Besuch selbst kein Geschenk mehr mit.

Die mexikanischen Tischsitten sind für Fremde etwas ungewohnt. Man schneidet zwar das Fleisch mit dem Messer, legt es dann aber wieder ab, um die Gabel in die rechte Hand zu nehmen und das zerkleinerte Fleisch damit zu essen. Danach wechselt die Gabel wieder in die linke Hand, damit mit der rechten ein weiteres Stück Fleisch geschnitten werden kann. Die Gerichte sind vorwiegend altmexikanischer oder spanischer Natur (Tortillas, Tamales, Tacos, Meeresfrüchte, Geflügel und Eintöpfe).

**Niederlande**

Auch die Niederlande sind mit den Traditionen der Engländer in vielerlei Hinsicht eng verbunden. Viele Holländer verhalten sich eher distanziert und geben einem im Normalfall zur Begrüßung auch nicht die Hand.

Überraschungsbesuche sind in den Niederlanden nicht selten. Außerdem ist jede Einladung durchaus ernst gemeint. Der Besucher sollte kein großes Aufhebens darum machen, sondern einfach pünktlich und gut gekleidet erscheinen. Gespräche über Subkulturen und Drogen (vor allem in Amsterdam) sollten immer vermieden werden, ansonsten stehen die Holländer jedoch jedem Thema ziemlich offen gegenüber.

**Schweden**

Die Schweden zeichnet eine moderne, äußerst offene und tolerante Lebensart aus. Auf gute Umgangsformen wird dennoch viel Wert gelegt. Das Ansprechen mit Titel ist eine Selbstverständlichkeit und man bedankt sich häufiger, als man es aus Deutschland gewohnt ist. Kritik an den strengen Alkoholvorschriften sollte man in Schweden keinesfalls üben (Alkohol wird nur in wenigen Lokalen zwischen Mittag und Mitternacht ausgeschenkt). Bei einer Einladung sollte man auch die Blumen nie vergessen. Beim Abendessen handelt es sich meist um ein sogenanntes „Smörgasbord", ein reichhaltiges kaltes Buffet, das bis zu fünf Gänge umfassen kann. Zu beachten ist dabei, dass man seinen Teller nicht öfter als dreimal auffüllt. Beim Nachtisch hält der Gastgeber meistens eine kurze Rede. Als Gast sollte man daraufhin die Hausfrau loben. Und am nächsten Tag bedankt man sich noch einmal mündlich oder schriftlich für das Essen und die Einladung.

**Spanien**

Viele Spanier sind von starkem Nationalgefühl, großer Würde und Höflichkeit geprägt. Das äußere Erscheinungsbild ist – durch die spanischen Hofsitten geschichtlich bedingt – für die Einheimischen sehr wichtig. Dafür verzichtet man gerne auf den Gebrauch von Titeln und kommt zu Verabredungen meist eine halbe Stunde zu spät.

Einladungen werden in Spanien oft nur aus Höflichkeit ausgesprochen, sind sie jedoch sehr herzlich, dann darf man sie durchaus ernst nehmen. Man verabredet sich meist in einem Café oder Restaurant, äußerst selten wird man in das Haus eines Spaniers eingeladen. Gegessen wird, verglichen mit unseren Tischzeiten, sehr spät.

### Türkei

In der Türkei ist das Leben der Landbevölkerung stark vom Islam und einer konservativen Einstellung geprägt, während sich in den Städten mehr und mehr europäische Gewohnheiten durchsetzen. Trotzdem müssen Frauen auch hier damit rechnen, dass sie z. B. in Teestuben nicht unbedingt willkommen sind.

**INFO**

**Viele Türken fühlen sich von einem unverbindlichen Lächeln provoziert. Darauf sollte man achten, um nicht in unangenehme Situationen zu geraten.**

Die Türkei ist ein äußerst gastfreundliches Land. Man lädt gerne Gäste zu sich nach Hause ein und bewirtet sie vorzüglich. Dabei wird keinerlei Mühe gescheut. Eine Einladung abzulehnen, wäre unhöflich. Neben vielerlei Fisch- und Lammgerichten wird oft eine Tafel vorbereitet, die aus zahlreichen Vorspeisen besteht. Dazu trinkt man Raki. Auf das Dessert, das meist überaus süß ist, folgt ein (starker) türkischer Kaffee. Dieser ist gleichzeitig ein Zeichen, die Gastfreundschaft nun nicht mehr länger zu beanspruchen.

### USA

In den USA geht man meist sehr ungezwungen miteinander um. So begrüßt man sich mit einem freundlichen „How are you?“. Als Antwort wird ein „Fine!“ oder „Wonderful!“ erwartet. Unter Frauen ist die Anrede „Honey“ oder „Darling“ sehr gebräuchlich. Dabei spielt es keine Rolle, ob die Frauen sich kennen oder nicht. Ansonsten ist es üblich, dass man sich schon nach kurzer Zeit mit dem Vornamen anspricht.

Obwohl Amerikaner einen sehr lockeren Eindruck erwecken können, sind sie trotzdem höflich (rücken einer Frau den Stuhl zurecht etc.) und sehr pünktlich. An der Ostküste gelten im Allgemeinen strengere und konventionellere Regeln als im Westen oder der Mitte der USA. So sind im Osten durchaus schriftliche Einladungen üblich, während man an der Westküste Gäste einfach mitbringt oder sie nur mündlich einlädt, beispielsweise zum Barbecue. Die Gespräche verlaufen ungezwungen, es wird viel gefragt und auch erwartet, dass der Gast ebenso viel vom Gastgeber erfahren möchte.

Beim Essen wartet man, bis alle da sind und etwas vor sich auf dem Teller haben, ehe begonnen wird – egal, ob privat oder im Restaurant. Zu den Tischsitten ist zu sagen, dass die Amerikaner den Suppenlöffel mit der breiten Seite zum Mund führen und den Suppenteller nach hinten kippen, nicht nach vorne. Fleisch wird immer zuerst ganz geschnitten, danach nimmt man die Gabel in die rechte Hand und legt das Messer beiseite. Die linke Hand ruht während der Mahlzeit auf dem Schoß unter dem Tisch.

Allerdings sind diese typisch amerikanischen Sitten den europäischen zum Teil bereits angepasst worden. Das Trinkgeld liegt etwas höher als in Europa üblich, nämlich bei 15–20 Prozent.

## Begrüßungsformeln aus aller Welt

Wenn Boris, der Ehemann von Irina, Lukas zur Begrüßung die Hand schüttelt, wird dieser Mühe haben, nicht aufzuschreien. Denn der russische Händedruck eines Mannes wird so kräftig und fest wie möglich ausgeführt, was Zuversicht, Stärke und Männlichkeit signalisieren soll. In anderen Ländern der Welt wird die Begrüßung sehr unterschiedlich praktiziert:

- In Frankreich ist ebenfalls das Händeschütteln gebräuchlich. Im privaten Bereich küsst man sich dreimal auf die Wangen – allerdings nur angedeutet.
- In Bolivien grüßen sich Fremde zunächst mit Handschlag. Erst im vertrauten Umgang miteinander geht man zu Umarmung und Wangenküssen über.
- In Äthiopien geben nur Männer Männern die Hand und Frauen wiederum nur Frauen. Dabei wird die Hand nur sanft gedrückt.
- Einen kräftigen Händedruck bekommt man in ganz Südamerika. Dabei kann man auch mit der linken Hand den Arm des Gegenübers umfassen.
- Das Reichen der rechten Hand ist auch in islamischen Ländern, in denen die linke Hand als unrein gilt, üblich. Hier fällt das Händeschütteln länger aus.
- In den USA, in Australien und Neuseeland wird vielfach nicht die Hand geschüttelt, ohne dass dies Ablehnung bedeuten muss. Hier sollte man immer darauf achten, ob es der Gesprächspartner von sich aus anbietet.
- In Indien und Südostasien begrüßt man sich mit einer Verbeugung.
- In China und Japan kann man unter Geschäftspartnern einen Händedruck erwarten, der aber für unseren Geschmack eher weich und lau ausfällt.

INFO

# 7. Zeitgemäße Umgangsformen und persönlicher Stil

## 7.1 Das Beherrschen unterschiedlicher sozialer Rollen

Der gesellschaftliche Trend zu entspannten, weniger formellen Umgangsformen erhöht den persönlichen Gestaltungsspielraum des Einzelnen ganz erheblich und gibt den Menschen des 21. Jahrhunderts einen viel größeren individuellen Verhaltensspielraum. Der Verlust verbindlicher Etiketteregeln hat aber auch einen gravierenden Nachteil: Heute gilt es mehr denn je, in jeder Situation die angemessene, aber nirgendwo verbindlich definierte Haltung eigenständig zu finden. Denn in den vielen verschiedenen sozialen Umfeldern und Situationen gelten höchst unterschiedliche ungeschriebene Regeln. Die Gefahr, sich unabsichtlich falsch zu benehmen, ist damit gestiegen; es bedarf eindeutig mehr Fingerspitzengefühl als zu Zeiten eines eindeutigen Verhaltenskodex.

Im Freundeskreis etwa wird man sich lässiger und offener geben als beim Vorstellungsgespräch, das ein betont korrektes und diszipliniertes Auftreten erfordert; in der Oper wird man hinsichtlich Outfit und Verhalten konventioneller auftreten als beim relaxten Abtanzen in einem Szene-Club. Das Beherrschen dieser höchst unterschiedlichen sozialen Rollen, wie es in der Sozialpsychologie heißt, ist heute von zentraler Bedeutung.

**Der eigenen Persönlichkeit treu bleiben**

Die Frage ist nun, wie man sich tagtäglich flexibel und sozialkompetent den Anforderungen dieser unterschiedlichen Lebenssituationen anpasst, ohne dabei zum charakterlosen Chamäleon zu werden, das keine eigene Persönlichkeit mehr hat. Wer darauf hofft, sich dank besserer Manieren zu einem angenehmen Zeitgenossen zu entwickeln, sollte auch darüber einmal nachdenken.

Die moderne Ratgeberliteratur preist gemeinhin die Vorzüge eines Verhaltens, das jeder Situation und jedem Umfeld gerecht wird. Wer über solch perfekte Umgangsformen verfügt, so wird versprochen, hat nicht nur Erfolg im Beruf, sondern auch in der Partnerschaft und im Freundes- und Bekanntenkreis – und das weltweit. Ganz so einfach ist das jedoch nicht; offensichtlich angelernte Verhaltensweisen allein machen aus einem nur durchschnittlich sensiblen Menschen noch keine sozialkompetente Persönlichkeit. Kurzum – auch zu viel Kalkül kann unerzogen wirken.

Entscheidend bleibt also – auch wenn man mit perfekten Umgangsformen brillieren möchte – die eigene Persönlichkeit. Authentizität ist Trumpf. Perfekte Manieren allein sind zu wenig, sie müssen von einem überzeugenden Charakter getragen sein und in dessen ganz persönlichen Stil integriert werden, sonst wirkt auch höfliches Benehmen nicht so, wie man sich das erhofft. Unterschiedliche Lebensstile, Eigenschaften und Temperamente gehören einfach dazu und dürfen nicht vollständig verleugnet werden; sie machen das Leben schließlich auch interessant.

**INFO**

**Sie sollten sich z. B. niemals im Sportverein oder anderswo auf kumpelhafte Art anbiedern, wenn Sie eigentlich ein zurückhaltender Typ sind. Genauso brauchen Sie sich im Berufsleben nicht völlig zurückzunehmen, nur weil Sie über ein lebhaftes Temperament verfügen.**

Auch der moderne Benimmkanon darf demnach nicht dazu führen, dass die Menschen sich des vermeintlichen Erfolges wegen in jeder ihrer möglichen sozialen Rollen verbiegen. Zeitgemäße Umgangsformen sollen Menschen vielmehr darin unterstützen, ihre Fähigkeiten und ihr Verhaltensrepertoire sinnvoll zu erweitern und damit die Lebensqualität zu erhöhen.

Stimmig werden auch perfekte Manieren erst dann, wenn die Mitmenschen spüren, dass Respekt, Interesse und Anteilnahme echt sind und wirklich von innen heraus kommen. Ein bezaubernd altmodisches Wort für diese überzeugende Eigenschaft ist Herzensbildung – ein Begriff, der vielleicht wieder einmal Schule machen sollte.

7

**AUF EINEN BLICK**

- → Perfekte Umgangsformen sind heute situationsgebunden und folgen weniger starren Regeln als früher.
- → Gute Manieren dürfen nicht aufgesetzt wirken, sondern müssen in die natürliche Persönlichkeit eingebunden sein.

## 7.2 Das richtige Maß an Selbstbewusstsein

Noch zu Beginn des 20. Jahrhunderts war es relativ einfach, den Status einer unbekannten Person auf Anhieb richtig einzuschätzen. Kleidung, Auftreten und Sprache erlaubten meist eine ziemlich eindeutige Zuordnung zu einem bestimmten sozialen Status oder Bildungsstand. Wer damals gesellschaftlich akzeptiert werden wollte, musste vor allem anderen korrekt gekleidet sein und formelle Verhaltensstandards – auch sprachlicher Art – einhalten.

Soziale Aufsteiger nannte man abwertend „Parvenüs" und erkannte sie daran, dass sie es in jeder Hinsicht am vornehmen Understatement fehlen ließen. Höfliches und dezentes Auftreten war damals fast immer am Platze, ob in geselliger Runde, am Arbeitsplatz oder in der Öffentlichkeit. Offiziell geregelt war allerdings auch, welchen Personengruppen gegenüber man sich herablassend und dominant verhalten durfte – oder sollte.

**Gesundes Selbstbewusstsein**

Heute erwartet niemand mehr, dass man im sozialen Umgang die eigene Person übertrieben zurücknimmt – ein offen zur Schau getragenes Selbstbewusstsein wirkt ganz im Gegenteil positiv und zeitgemäß. Der Grat zur überzogenen Selbstdarstellung allerdings ist schmal; wer zu dick aufträgt und den eigenen Erfolg, das eigene Wissen oder den eigenen Besitz zu sehr herausstreicht, gilt rasch als anmaßend – und diese Einschätzung ist bis heute das alles vernichtende Urteil im Berufs- wie im Privatleben.

## Gutes Benehmen für sich selbst

Gute Tischsitten, eine gepflegte Erscheinung, ein souveränes Auftreten – was man unter Benimmregeln versteht, mag auf manche wirken, als brauchte man sie nur im Zusammensein mit anderen anzuwenden. Wirklich gute Umgangsformen beginnen aber beim Umgang mit sich selbst: „Weil Sie es sich wert sind" – das ist zwar mittlerweile schon ein etwas abgedroschener Werbeslogan, trifft aber den Kern des guten Benehmens schlechthin.

Sie werden sehen, mit guten Umgangsformen sich selbst gegenüber fühlen Sie sich wesentlich wohler in Ihrer Haut. Beachten Sie dabei vor allem Folgendes:

- Legen Sie auch gegenüber sich selbst gute Umgangsformen an den Tag, indem Sie sorgsam mit Ihrem Leben, Ihrer Gesundheit und Ihrem Besitz umgehen.
- Lassen Sie es sich gut gehen: Pflegen Sie sich, ernähren Sie sich ausgewogen und kleiden Sie sich mit Freude an einem guten Aussehen.
- Schaffen Sie sich ein Zuhause, in dem Sie sich wohlfühlen, und essen Sie dort – selbst wenn Sie alleine sind – immer an einem schön gedeckten Tisch.
- Lassen Sie sich auch in der Freizeit nur selten gehen: Entspannung muss nicht Gammeln heißen.
- Seien Sie Ihr bester Freund. Wer auf diese Weise mit sich selbst umgeht, strahlt innere Stärke, Gelassenheit und Freundlichkeit aus – und in Gesellschaft muss gutes Benehmen nicht erst wie eine Maske übergezogen werden.

INFO

**Durchsetzungsvermögen**
Andererseits ist es im Beruf heute mehr denn je entscheidend, auch Dominanz zeigen zu können, also den eigenen Standpunkt konsequent und mit Nachdruck zu vertreten. Wer keine Ellenbogen besitzt, wird es schwer haben, Gehör zu finden und weiterzukommen. Einmal mehr ist die ganz persönliche Sozialkompetenz gefragt, die Ihnen hilft, die richtige Mischung aus Selbstbewusstsein und Respekt für andere Menschen, aus Empathie und Gespür für die notwendige Distanz zu entwickeln und dementsprechend zu handeln. Die Basis für diese wunderbare Fähigkeit ist Ihre Persönlichkeit.

## 7.3 Image und Persönlichkeit

Waren früher vorwiegend der soziale und ökonomische Status ausschlaggebend dafür, wie ein Mensch beurteilt wurde, so ist das Bild heute wesentlich differenzierter. Psychologen unterscheiden das Selbst- bzw. Idealbild einer Person (Selbstakzeptanz, Selbstkritik und Wunschvorstellungen) vom Fremdbild (der Einschätzung dieser Person durch Außenstehende).

Ob jemand auf andere Menschen überzeugend wirkt, hängt psychologisch betrachtet stark davon ab, wie realistisch und überzeugend sein Selbstbild ist – oder wie gut er ein positives Selbstbild nach außen kommunizieren kann. Das Image aber bestimmt entscheidend den Erfolg im Berufsleben.

**Das Fremdbild**
Urteile über andere Menschen fällen wir alle – wollen wir den Psychologen glauben – erschreckend schnell: Bereits in den ersten Sekunden des Kennenlernens entscheiden wir, ob wir eine bis dato unbekannte Person sympathisch und kompetent finden oder nicht. Der legendäre feuchte und lasche Händedruck beim Vorstellungsgespräch fließt genauso in diese blitzschnelle, intuitive Analyse unseres Gegenübers ein wie äußere Merkmale (gutes Aussehen, eine sportlich trainierte Figur, übertriebene Kleidung, Übergewicht) oder z. B. die Fähigkeit, einen unbefangenen Blickkontakt herzustellen.

Die Basis all dieser unbewussten Bewertungen uns unbekannter Personen sind Muster, die wir aus unseren bisherigen Erfahrungen gebildet haben. Mit ihnen vergleichen wir blitzschnell die vermuteten Eigenschaften unseres Gegenübers. Häufig kommt es dabei zu dem sogenannten Halo- oder Hofeffekt: Eine gut aussehende Person schätzen beispielsweise die meisten Menschen tendenziell als freundlicher, umgänglicher und kompetenter ein als eine eher unattraktive. Das bedeutet, dass sie von einer positiven Eigenschaft oft auf weitere derartige Merkmale schließen.

**INFO**

**Beachten Sie, dass unter dem Einfluss des Haloeffekts bei einem Vorstellungsgespräch das falsche Outfit dazu führen kann, dass Sie schlechter beurteilt werden, als es Ihren tatsächlichen Fähigkeiten entspricht.**

Vor diesem Hintergrund wird klar, warum das Image, das uns anhaftet, im Berufsleben so wichtig ist – und warum die Imageberater-Branche so boomt. Quasi auf den ersten Blick entwickeln unsere Mitmenschen ein Bild von uns, das wir später nur mit mühevoller Überzeugungsarbeit wieder verändern können. Der Slogan vieler Erfolgs- und Karriereratgeber „Es gibt keine zweite Chance für den ersten Eindruck“ soll dieses Problem deutlich machen.

**INFO**

**Neuere psychologische Studien haben festgestellt, dass Menschen ihr eigenes Verhalten sowie das von engen Freunden einer ganz speziellen Situation zuschreiben, während das Verhalten fremder Personen auf deren Persönlichkeit zurückgeführt wird. Trinkt also eine fremde Person z. B. auf einer Betriebsfeier ein Glas zu viel, wird ihr leicht ein ständiges Alkoholproblem unterstellt, während man bei sich selbst oder bei Bekannten realistischer vermuten würde, dass es sich um eine Ausnahmesituation handelt.**

Ist Image also wichtiger als Persönlichkeit? Zyniker werden diese Frage zwar bejahen, in der Praxis aber ist das Bild differenzierter. Ein positives Image hilft zwar beim Einstieg in den Beruf. Wenn es aber darum geht, die eigenen

Fähigkeiten in der Praxis zu beweisen, werden Vorgesetzte und Kollegen rasch merken, ob Image und Wirklichkeit übereinstimmen. Nur derjenige, dessen Image sich vor dem Hintergrund konkreter Anforderungen bestätigt, hat eine Chance.

**Ist Image steuerbar?**
Häufig wird behauptet, dass das Image eines Menschen v. a. von seiner Persönlichkeit und seinem eigenen, unverwechselbaren Stil bestimmt wird. Das ist nur zu einem sehr geringen Teil zutreffend. Unser Image kommt eher dadurch zustande, dass wir bestimmte Persönlichkeitsmerkmale, Einstellungen und Werte kommunizieren, auch wenn diese Wirkung auf andere manchmal rein zufällig ist. Außenstehende schließen dann von diesem Image, dem Auftreten und dem individuellen Stil auf unsere Persönlichkeit – und beurteilen uns so als Menschen.

Der Wunsch, Außenwirkung und Image selbst zu steuern, liegt deshalb nahe. Professionelle Imageberatung, die von immer mehr Menschen genutzt wird, zielt darauf ab, selbst dazu beizutragen, das Bild anderer über uns so positiv wie möglich zu gestalten. Meist ist es tatsächlich sinnvoll, ein Feedback Außenstehender einzuholen – z. B. in einem speziellen Seminar – wenn man das eigene Image optimieren möchte. Die zentrale Frage „Wie wirke ich auf andere?" kann man nun einmal nicht selbst beantworten.

Ein weiterer wichtiger Bestandteil einer Imageanalyse betrifft die nonverbale Kommunikation über Körpersprache oder Körperausdruck, die man ebenfalls nicht selbst leisten kann. Sie können allerdings in einschlägigen Seminaren lernen, sich selbst optimal darzustellen, einen eigenen Geschmack und Stil bezüglich Kleidung, Frisur und Auftreten zu entwickeln und die Kommunikation mit den richtigen Manieren optimal zu gestalten.

Letzten Endes aber gilt auch für alle Fragen von Image, Stil und geschliffenen Umgangsformen, dass Authentizität, Übereinstimmung des eigenen Verhaltens mit der Persönlichkeit und Glaubwürdigkeit darüber entscheiden, ob man echt, sympathisch und vertrauenerweckend wirkt. Deshalb sollte das

Ziel, ein positives Image zu erhalten, immer mit der Absicht einhergehen, sich selbst seine guten Eigenschaften bewusst zu machen und sie dann nach außen zu kommunizieren.

**AUF EINEN BLICK**

- → Der berufliche Erfolg hängt nicht unwesentlich vom Image ab, das einem in diesem speziellen gesellschaftlichen Umfeld anhaftet.
- → Der erste Eindruck, den wir auf eine andere Person machen, kann nur schwer korrigiert werden.
- → Großteils wird der erste Eindruck durch Äußerlichkeiten bestimmt.
- → Ein guter erster Eindurck und ein positives Image helfen beim Einstieg in den Beruf.
- → Ein positives Image hilft auf Dauer im Berufsleben nur dann weiter, wenn es der Überprüfung im Alltag standhält.
- → In einschlägigen Seminaren kann man lernen, welche Wirkung die eigene Person (Kleidung, Körpersprache, Körperhaltung) auf andere hat.

## 7.4 Die Kunst der Konversation

Besonders in Deutschland war die Kunst der Konversation viele Jahrzehnte lang verpönt. Man hat das leichte, geistreiche Plaudern über unverfängliche Themen als oberflächlich und unehrlich verkannt. Heute sind besonders jüngere Menschen internationaler orientiert und schätzen gerade aufgrund ihrer Erfahrungen im Ausland vielfach den gekonnten Small Talk.

### Geeignete Themen

Konversation ist eine wunderbare Gelegenheit, neue Bekannte, Kollegen oder Geschäftspartner in lockerer Atmosphäre allmählich kennenzulernen. Feiner Humor bildet dabei die besondere Würze, während Banalitäten oder gar Plattheiten zu Recht verpönt sind. Wer auf seine Umgangsformen Wert legt, muss bei der Wahl der Themen allerdings ein wenig Sorgfalt an den Tag legen, denn nicht jeder Gesprächsstoff eignet sich für jede Gelegenheit.

Bereits im Zusammenhang mit der geeigneten Konversation bei Tisch (vgl. Kap. 4.2) wurde darauf verwiesen, dass allgemein interessierende Themen wie Kultur, Kunst oder Reisen – zu denen praktisch jeder etwas beisteuern kann – sehr gut dafür geeignet sind, rasch zu einem anregenden Gespräch hinzuführen. Diese Themen passen zudem in jedes Umfeld. Auch aktuelle Filme, Musik sowie Bücher, die gerade diskutiert werden, sind ein gelungener Einstieg in jede Konversation. Themen, die stark auf einen bestimmten sozialen Status und damit verbundene Statussymbole bezogen sind, wie Luxuskonsumgüter oder Luxusreisen, eignen sich in bestimmten Kreisen ausgezeichnet, während sie anderswo protzig oder snobistisch wirken.

**INFO**

**Halten Sie sich mit Ihrem Wissen auf so komplexen und stark weltanschaulich geprägten Gebieten wie Geschichte und Politik lieber zurück. Auch Persönliches wie Liebe, Gesundheit und die eigenen Spezialgebiete sollte man der Höflichkeit wegen zunächst ausklammern.**

**Wie viel Offenheit ist angemessen?**

Äußeren Sie Ihren persönlichen Standpunkt lieber nicht allzu pointiert, wenn Sie Ihr Gegenüber kaum kennen; leicht kann sich Ihr Konversationspartner brüskiert fühlen. In Deutschland liebt man den offenen, sehr kritischen Meinungsaustausch; das ist allerdings international gesehen eher die Ausnahme. In vielen asiatischen Ländern etwa wird Kritik nicht offen geäußert, weil das stets mit einem Gesichtsverlust verbunden wäre. Ihre vermeintliche Offenheit würde hier unbeholfen und bäuerisch wirken. Für einen gekonnten Small Talk ist es entscheidend, sich bei Gesprächsbeginn unverfänglich zu zeigen und nur die positiven Aspekte eines Themas anzuschneiden. Falls sich daraus ein tieferer Meinungsaustausch ergibt, bei dem man offener Stellung beziehen kann, ist das wunderbar, falls nicht – ebenfalls.

Wenn Sie auf einer Veranstaltung ein Gespräch mit einer unbekannten Person beginnen wollen, sollten Sie nie verkrampft versuchen, etwa Originelles zu sagen. Eine leicht dahingeworfene Bemerkung über die entspannte, wohltuende Atmosphäre, die geschmackvolle Dekoration oder das gelungene Buffet wirkt lockerer und einladender. Im Verlauf des anschließenden Small Talks können

Sie Ihren Esprit immer noch unter Beweis stellen. Die verbreitete Unsitte, in der Theater- oder Opernpause gegenüber flüchtigen Bekannten die Inszenierung oder die Künstler zu kritisieren, sollte unter Ihrem Niveau sein. Dass man nie eine Veranstaltung kritisiert, auf der man selbst Gast ist, steht ebenfalls außer Frage.

**INFO**

**Dass Klatsch sich nicht als Thema für eine gepflegte Konversation eignet, sollte eigentlich klar sein. Personen aus „gutem Hause“ erkennen sich gegenseitig an einer Diskretion, die nie zu viel Persönliches preisgibt.**

Auch wer die Namen in der Öffentlichkeit stehender Persönlichkeiten, mit denen er bekannt ist, ins Gespräch einfließen lässt, wirkt nicht immer interessant oder amüsant. Solche Zurschaustellung der eigenen Verbindungen wird schnell so peinlich, dass Ihre neuen Bekannten Sie in Zukunft eher meiden werden. Auch das Thema Geld ist – zumindest in Europa – als Gesprächsstoff tabu. Wer ausschließlich über seinen Beruf redet, wird schnell als ungehobelt und unsicher eingestuft. Es gibt so viel Interessanteres, mit dem sich die Menschen in ihrer freien Zeit beschäftigen!

Humor allerdings kann fast jede Situation entspannen, und viele Menschen lachen gern über einen guten, pointierten Witz. Weil aber gerade die besten Witze häufig diskriminierende Elemente enthalten, ist besondere Vorsicht geboten. Überlegen Sie lieber zweimal, bevor Sie es riskieren, sich mit unangemessener Nonchalance in ein schlechtes Licht zu rücken.

## AUF EINEN BLICK

- → Man sollte eine gepflegte Konversation immer möglichst locker und unverbindlich gestalten.
- → Geeignete Themen: Reisen, Musik, Bücher
  Ungeeignete Themen: Geld, Politik, allzu Persönliches
- → Humorvolle Bemerkungen kommen im Allgemeinen gut an, es sei denn, sie gehen auf Kosten anderer.

# „Über den Umgang mit Menschen" von Adolph Freiherr Knigge

### Der Autor

Adolph Franz Friedrich Ludwig Freiherr Knigge wurde am 16. Oktober 1752 auf dem Gut Bredenbeck bei Hannover geboren und starb am 6. Mai 1796 in Bremen. Er war ein Freidenker, der im Sinne der Aufklärung für die Verwirklichung der Menschenrechte eintrat. Auch sympathisierte er mit den Idealen der Französischen Revolution. Knigge sah sich selbst als Aufklärer und wollte zur Emanzipation des Bürgertums beitragen.

### Das Buch – Entstehung und Neuinterpretation

1788 erschien sein Werk „Über den Umgang mit Menschen", das Knigge in kürzester Zeit mehrmals überarbeitete und neu auflegte. Schon zu Knigges Lebzeiten wurde eine 5. Auflage gedruckt.

Das Buch ist ein von den Idealen der Aufklärung und der Französischen Revolution beeinflusstes soziologisches Werk, das das neue Gesellschaftsbild jener Zeit widerspiegelt. Die Basis für Knigges Ratschläge und praktische Lebensregeln bildeten vor allem seine persönlichen Erfahrungen und Beobachtungen. Deutschland bestand zu jener Zeit aus zahlreichen Fürstentümern. In diesen herrschten häufig sehr unterschiedliche Umgangsformen. Für die Bürger, die beim Fürsten ihre Belange vorbringen wollten, bedeutete dies, dass sie aufgrund ihrer Unkenntnis der „richtigen" Etikette oft nicht angehört wurden.

In erster Linie wollte Knigge mit seinem Buch „Über den Umgang mit Menschen" den Bürgern eine praktische Hilfe an die Hand geben, damit sich diese bei Hofe besser zurechtfinden könnten. Im Laufe der folgenden Jahrzehnte wurde es jedoch immer wieder von unterschiedlichen Herausgebern veröffentlicht. Diese ergänzten das Werk mit einem Kapitel zu Verhaltensregeln und es entstand schließlich ein Benimmratgeber für alle Situationen des Alltags – der Name Knigge wurde zum Inbegriff des guten Benehmens und ging in diesem Sinne in den täglichen Sprachgebrauch ein. Es ist also den Neuüberarbeitungen und Ergänzungen zu verdanken, dass der Name Knigge heute allseits als Synonym für Benimmliteratur bekannt ist.

**Inhalt des Buchs**

Das Buch „Über den Umgang mit Menschen" besteht aus drei Teilen. Nach einer Einleitung mit allgemeinen Bemerkungen zum Umgang mit Menschen gibt Knigge im zweiten Kapitel des ersten Teils Ratschläge für den „Umgang mit sich selbst". So sei es wichtig, sich zuerst selbst zu respektieren, damit man auch von anderen respektiert wird. Knigge stellte fest, dass erst das Wissen um die persönlichen Werte sowie das Bewusstsein um die eigene Menschenwürde das Individuum zu einem selbstbewussten und vollständigen Menschen machen.

In einem weiteren Kapitel wird im ersten Teil der „Umgang mit Leuten von verschiedenen Gemütsarten, Temperamenten und Stimmungen des Geistes und Herzens" abgehandelt. Zu den Themen Familie, Freunde, Nachbarn, Wirt und Gast sowie Lehrer und Schüler und zum richtigen Verhalten in verschiedenen Situationen erhält man zahlreiche Empfehlungen im zweiten Teil des Buches.

Auf den Umgang mit den Mächtigen und Einflussreichen geht Knigge im dritten Teil ein. Hier finden sich die praktischen Ratschläge für die Bürger, wie diese in der vom Adel dominierten Gesellschaftsordnung bestehen können.

Die von Knigge genannten Empfehlungen sollte man deshalb nicht als bloße Regeln des guten Benehmens verstehen, sondern vielmehr als Ratschläge für einen von Toleranz und Respekt geprägten Umgang der Menschen miteinander.

8

# 8. Benimm von A bis Z – kleines Lexikon der guten Umgangsformen

**Abendgarderobe**
Man sollte sich nicht erst Gedanken über das passende Outfit zu offiziellen abendlichen Veranstaltungen machen, wenn bereits eine Einladung zum Ball oder zur Cocktailparty ins Haus flattert. Erlaubt ist heute zwar auch in diesem Bereich grundsätzlich alles, was gefällt, doch gibt es Ausnahmen – etwa wenn auf einer Einladung ein Bekleidungsvermerk steht. Bis heute wird dabei nur auf die Kleidung für den Herrn Bezug genommen. Das Outfit der Dame orientiert sich auch in Zeiten der Emanzipation an demjenigen des Herrn.

Wird für den Herrn der Straßenanzug (entspricht einem dunklen Businessanzug) empfohlen, so trägt die Dame ein elegantes, etwa knielanges Tageskleid – also kein Cocktailkleid und auch keinen langen Rock.

Wird auf der Einladung „schwarze Krawatte“ bzw. „Black tie“ verlangt, so ist damit für den Herrn der Smoking gemeint, an dessen Stelle nur im Sommer das Dinnerjackett treten kann. Die amerikanische Bezeichnung für den Smoking ist übrigens Tuxedo. Damen erscheinen im (maximal knielangen) Cocktailkleid oder einem „kleinen“, in der Regel nicht langen Abendkleid, dessen Farbe sie frei wählen können.

Empfiehlt die Einladung „Cravate blanche“ oder „White tie“, so müssen die Herren einen Frack tragen. Damen dürfen dann ihre aufwendigste Robe aus dem Schrank holen, die je nach Mode kurz oder lang sein kann.

**Alkohol**
Wohl in keinem Land der westlichen Welt ist es bei geselligem Beisammensein so verbreitet, Alkohol zu servieren und zu trinken, wie in Deutschland.

Das gilt in der Regel auch für Geschäftsessen am Abend oder betriebliche Feiern. Tagsüber ist es heute im Berufsleben eher üblich, ganz auf Alkohol zu verzichten – es sei denn, Sie haben ausnahmsweise einen guten Grund, im Kollegenkreis oder in einer Runde von Geschäftspartnern eine Flasche Champagner zu öffnen. Man sollte allerdings wissen, dass selbst kleinste Anzeichen von Betrunkenheit im beruflichen Umfeld tabu sind.

**INFO**

**Trinken Sie auch aus vermeintlicher Höflichkeit nie mehr, als Sie vertragen. Im Zweifelsfall hilft eine kleine Notlüge: Geben Sie sich als Hobbysportler aus – man vermutet dann, dass Sie aus Rücksicht auf Ihre Kondition keinen Alkohol trinken, und lässt Sie in Ruhe.**

Bei offiziellen Gelegenheiten gelten Cocktails, Wein oder Schaumwein als passendere Getränke als Bier. Spirituosen sind ebenfalls fast ganz aus der Mode gekommen, weil sie schlecht zu einem gesunden Lebensstil passen; wählen Sie härtere Getränke deshalb nur in einem passenden Umfeld.

Wer zu viel getrunken hat, darf nicht Auto fahren – da gibt es keine Ausnahmen. Rufen Sie einem Gast, einem Geschäftsfreund oder Kollegen ein Taxi und setzen Sie sich selbst ebenfalls nicht hinters Steuer.

Sind Sie geschäftlich im Ausland, sollten Sie stets bedenken, dass in vielen Ländern das Maßhalten im Umgang mit alkoholischen Getränken gerade bei offiziellen Gelegenheiten ein striktes Muss ist. Geben Sie sich dort auch am Abend nicht zu freizügig im Umgang mit Alkohol, das könnte missverstanden werden. In allen islamischen Ländern sollten Sie vorsichtshalber ausschließlich innerhalb internationaler Hotels Alkohol konsumieren. Zwar ist Muslimen aus religiösen Gründen das Trinken von Alkohol verboten, doch wird dieses Gesetz je nach Land und sozialer Gruppierung verschieden ausgelegt. Als Gast ist Ihnen in jedem Fall äußerste Zurückhaltung zu empfehlen. Bieten Sie Muslimen niemals von sich aus Alkohol an, das ist im Iran genauso tabu wie in Malaysia. In Saudi-Arabien wird man Ihnen möglicherweise Alkohol anbieten, doch dürfen Sie hier ablehnen. In der Türkei ist der Umgang mit Alkohol zwar liberaler, doch ist auch hier Zurückhaltung nie fehl am Platze.

Übrigens wird das Thema Alkohol auch in den USA nicht so freizügig gehandhabt wie bei uns. In allen Staaten darf an Jugendliche unter 21 Jahren kein Alkohol ausgeschenkt werden und nicht jedes Lokal hat eine Lizenz zum Alkoholausschank. In der Öffentlichkeit Alkohol zu trinken, gilt – wie fast überall auf der Welt – als unhöflich. Trunkenheit wird nirgendwo toleriert.

**Alter**

Es galt schon immer als unhöflich, Damen nach dem Alter zu fragen. Und auch Männer haben die vorwitzige Frage nach ihrem Lebensalter wahrscheinlich nie wirklich gerne gehört. Allerdings gibt es veraltete Höflichkeitsregeln, die etwa verlangen, eine ältere Dame gegenüber einer jüngeren Dame bevorzugt zu behandeln, was eine unausgesprochene Schätzung des Lebensalters dann doch unumgänglich macht.

Die Fortschritte der plastischen Chirurgie erschweren jedoch solche Überlegungen heute so sehr, dass man auf alle Arten von Alters-Rangordnungen lieber ganz verzichten sollte. Schließlich hat eine geliftete Siebzigjährige möglicherweise eine glattere Haut als ihre vierzigjährige Tochter – und wer sich dazu äußert, wird wahrscheinlich ins Fettnäpfchen treten. Zeitlos modern und angemessen aber bleibt es, ältere Menschen grundsätzlich respekt- und taktvoll zu behandeln.

**Beschwerden**

Überall, wo Menschen zusammenkommen, geschehen Pannen und immer, wenn Sie Dienstleistungen in Anspruch nehmen, können Fehler vorkommen. Es ist zwar Ihr gutes Recht, in einer solchen Situation zu reklamieren, allerdings sollten Sie sich auch dabei von Ihrem Stilgefühl leiten lassen und in jedem Fall auf gutes Benehmen achten.

Zunächst einmal gilt es, abzuwägen, was Ihnen eine Beschwerde bringt. Wenn das Essen im Restaurant einmal nicht schmeckt, muss das kein Grund für eine Reklamation sein. Vielleicht verdirbt die Beschwerde Ihnen den ganzen Abend. Wenn Sie allerdings das dringende Gefühl haben, sich wehren zu müssen, sollten Sie das auch tun.

**INFO**

**Ist Ihr Essen angebrannt oder findet sich ein Käfer im Salat, dann sollten Sie das Gericht freundlich, aber bestimmt zurückgehen lassen. Machen Sie kein großes Aufhebens darum, sonst verderben Sie den anderen Gästen den Appetit.**

Als höflicher Mensch sollten Sie Beschwerden ruhig, sachlich und möglichst ohne erhobene Stimme vorbringen. Ein anklagender Ton ist nicht angebracht, zumal die Person, bei der Sie sich beschweren, nicht immer für das jeweilige Missgeschick verantwortlich ist. Professionelles Verständnis dürfen Sie nur beim jeweiligen Chef voraussetzen, also im Restaurant nicht beim Hilfskellner, im Hotel nicht beim Zimmermädchen und genauso wenig bei einem Aushilfsverkäufer in der Boutique.

Im Ausland sollten Sie immer Folgendes bedenken: In allen Kulturen, in denen man besonderen Wert darauf legt, das Gesicht zu wahren, werden Beschwerden rasch zu „Kontaktkillern" – also fast überall in Asien und auch im arabischen Raum. Überlegen Sie gut, ob Sie das Risiko eingehen wollen, dass das Gesprächsklima mit Ihren ausländischen Partnern und damit die ganze Geschäftsbeziehung unwiderruflich gestört wird.

### Blumen

In der viktorianischen Zeit spielte die „Sprache der Blumen" eine große Rolle. Man schickte sich fantasievolle Buketts oder Stickereien, die geheime Gefühlsbotschaften enthielten. Vergissmeinnicht standen für ehrliche Liebe, Efeuranken für Treue, Maiglöckchen für Lieblichkeit, Eicheln für das Leben und die Unsterblichkeit, Stiefmütterchen für Fürsorge, Petunien für Wut und Ärger, Veilchen für Bescheidenheit, gelber Mohn für Gesundheit und Erfolg und Zinnien wiesen auf gute Gedanken an abwesende Freunde hin. Wer einen Schlussstrich unter eine Freundschaft ziehen wollte, drückte mit Gartenwicken das endgültige Goodbye aus.

Ganz so stilvoll geht es heute nicht mehr zu, aber immer noch drückt man mit Blumen gerne besondere Wertschätzung aus. In vielen Firmen ist es üblich, neue Mitarbeiter am ersten Arbeitstag mit einem Blumenstrauß zu begrüßen. Auch Geburtstage werden häufig mit einem Gesteck gewürdigt, zu dem alle Kollegen beitragen. Als Gastgeschenk bei privaten Einladungen sind Blumen ebenfalls beliebt. Bei privaten Einladungen für den Abend gilt es als besonders stilvoll, den Blumengruß am Nachmittag mit einer Karte zustellen zu lassen. Oder man bedankt sich auf diesem Weg am nächsten Tag für den gelungenen Abend.

Bei der Zusammenstellung der Blumen ist prinzipiell fast alles erlaubt. Rote Rosen allerdings sollten ausschließlich von Herren an ihre Dame verschickt werden. Auch weiße Lilien, die als Trauerblumen gelten, sind nicht bei jedem Anlass angemessen. Im Zweifelsfall sollte man im Blumengeschäft sagen, wofür der Strauß gedacht ist. Zu einem Antritts- und einem Kondolenzbesuch bringt man nie Blumen mit. Nur zur eigentlichen Beerdigung darf man – allerdings ausschließlich weiße – Blumen überreichen.

**Cocktailparty**

Die Cocktailparty ist als private oder halb offizielle Veranstaltung in den letzten Jahren wieder stark in Mode gekommen. Gerade junge Leute nutzen gerne diese Gelegenheit, um einmal wieder elegantere Kleidung zu tragen. Die traditionelle Regel besagt, dass es sich bei der Cocktailparty um eine Veranstaltung am frühen Abend handelt, die auf dem Einladungsschreiben auf einige wenige Stunden begrenzt wird. Den Gästen steht es dann frei, zu einem von ihnen gewählten Zeitpunkt zu erscheinen, und sie sollten maximal eine halbe bis eine Stunde bleiben. Spätester Termin zum Aufbruch ist die auf der Einladung angegebene Stunde – meist etwa 21 Uhr.

Der Dresscode für diese eher kleine Veranstaltung war früher kompliziert. Die Modeschöpferin Coco Chanel (1883–1971) erfand auch deshalb das legendäre „kleine Schwarze“, ein elegantes Kleid für viele Anlässe, mit dem Frauen immer passend gekleidet waren. In den Jahren nach dem Zweiten Weltkrieg bürgerte sich für Damen ein kurzes (also maximal knielanges) Cocktailkleid ein, zu dem man elegante hochhackige Schuhe und eventuell (kurze) Handschuhe und einen Hut trug. Die Männer erschienen im Smoking oder dunklen Anzug. Heute ist der Dresscode noch lockerer. Wenn man unsicher ist, wie formell die Einladung gemeint ist, darf man die Gastgeber offen fragen.

Für halb offizielle Cocktailpartys, etwa wenn man privat beim Chef eingeladen ist, empfiehlt sich korrekte, aber nicht zu festliche Kleidung. Frauen können sich für ein schlichtes Etuikleid oder einen Rock mit einem hübschem Top entscheiden und das Outfit z. B. mit einer Perlenkette veredeln. Männer sind im dunklen Anzug mit einem edlen Rolli oder einer schicken Hose plus Kaschmirpulli gut, aber nicht übertrieben angezogen.

**Diskretion**

Diese einstmals hochgehaltene Tugend scheint heute ein wenig aus der Mode gekommen zu sein – schließlich machen die Medien vor, dass man auf die Privatsphäre heute nicht mehr viel gibt. Im Gegenteil – man lebt von Klatsch und Tratsch über Stars, Sternchen und andere Prominente recht komfortabel. Für kultivierte Menschen aber ist Verschwiegenheit und Zurückhaltung – wie man Diskretion zeitgemäß übersetzen könnte – ein Mittel, um korrekte Umgangsformen zu beweisen. Man kann nicht höflich und indiskret zugleich sein!

**Dresscodes**

Dass die modernen westlichen Gesellschaften in immer kleinere, unüberschaubarere soziale und kulturelle Einheiten zerfallen, wird von Soziologen seit Langem beklagt. Eine der Folgen dieser wachsenden Individualisierung der Gesellschaft ist der Verlust verlässlicher Dresscodes für die unterschiedlichen Anlässe, die sich aus einem modernen Lebensstil ergeben.

Schon beim Businessoutfit ergibt sich hier ein breiter Gestaltungsspielraum; selbst scheinbar sichere Empfehlungen, wie blauer bzw. grauer Anzug mit Krawatte für den Herrn oder Businesskostüm mit dezenten Pumps für die Dame, passen nicht in jede Branche. In der Werbung, in den Medien oder in der Gastronomie wird man mit einem allzu korrekten Auftreten – von Kundenterminen abgesehen – schnell als altmodisch gelten. In einem Forschungslabor wird schon ein modisches T-Shirt unseriös wirken und hinter den Bankschalter passt keine moderne Rüschenbluse. Fast jeder Anlass erfordert also heute eine sorgfältige Analyse des eigenen Kleiderschranks, wenn man passend angezogen und nicht over- oder underdressed wirken will.

**Empfang**
Auch wenn man selten Gelegenheit hat, hochoffizielle Einladungen zu besuchen – je höher man auf der Karriereleiter steigt, desto wahrscheinlicher wird es, dass man auch einmal auf diesem sehr glatten gesellschaftlichen Parkett brillieren muss. Zu den wenigen offiziellen Empfängen wie dem Neujahrsempfang des Bundespräsidenten, Empfängen des diplomatischen Corps und ähnlichen elitären Veranstaltungen tragen Frauen ein Abendkleid und Herren den „Cut" (vgl. Kap. 2.1). Wer kann, heftet seine Orden an die Brust.

Wer zu einem Empfang geladen wird, sollte schriftlich zusagen. Blumengeschenke sind eher unüblich und nur bei den selten gewordenen privaten Empfängen erlaubt.

**Entschuldigung**
Überall, wo das schwindende Interesse an gesitteten Umgangsformen beklagt wird, kommt auch der Mangel an Bereitschaft zur Sprache, Verantwortung für das eigene Verhalten zu übernehmen. Dabei tappt jeder von uns im Laufe seines Lebens in so manches Fettnäpfchen – das ist beinahe unvermeidbar. Ist es einmal passiert, sollte man so ein Missgeschick aber möglichst rasch aus der Welt schaffen. Man rempelt im Gedränge seinen Nachbarn in der U-Bahn an? Ein kleines „Verzeihung" kann nicht schaden. In der Edelboutique fällt Ihnen ein weißer Pullover auf den Boden – eine kleine Entschuldigung darf die Verkäuferin schon erwarten. Ihre Nachbarin sagt Ihnen, dass Sie unlängst ohne Gruß an ihr vorbeigerauscht sind? Geben Sie zu verstehen, dass das keine Absicht war und dass es Ihnen leidtut.

**Feiertage**
In jedem Land gibt es im Jahresverlauf bestimmte wiederkehrende Feiertage. In Deutschland sind neben dem 3. Oktober als nationalem Feiertag die verschiedenen religiösen Feiertage von großer Bedeutung; Termine wie der 1. Mai als Tag der Arbeit haben nicht in allen Bevölkerungsschichten dieselbe Bedeutung. Dass man Besuche oder offizielle Termine im Allgemeinen nicht auf Feiertage legt, ist klar. Das muss man auch bei der Planung von Geschäftsreisen ins Ausland beachten; man sollte die jeweiligen staatlichen und

religiösen Feiertage kennen, um diese etwa bei Terminvorschlägen aussparen zu können – sonst wird sich der Geschäftspartner zu Recht brüskiert fühlen.

Hier einige Beispiele: Am 14. Juli begeht Frankreich seinen Nationalfeiertag. Griechische Nationalfeiertage sind der 25. März und der 28. Oktober. In Großbritannien gilt der Geburtstag der Königin als Nationalfeiertag, der jedes Jahr im Juni gefeiert wird. In Italien kennt man den 25. April sowie den ersten Sonntag im Juni als Nationalfeiertage. Der japanische Nationalfeiertag wird am 15. August begangen. Der norwegische Nationalfeiertag ist der 17. Mai. Die Österreicher begehen ihren am 26. Oktober. In der Schweiz ist am 1. August Nationalfeiertag. Spanien hat am 24. Juni und am 12. Oktober Nationalfeiertag. In den USA sollte man den Memorial Day (letzter Montag im Mai), den Unabhängigkeitstag (4. Juli), den Labor Day (1. Montag im September), den Kolumbustag (2. Montag im Oktober) und Thanksgiving (letzter Donnerstag im November) kennen.

### Flirten

Noch vor einigen Jahrzehnten wäre es unmöglich gewesen, sich mit fremden, interessant wirkenden Menschen selbst bekannt zu machen; es war üblich, sich durch gemeinsame Bekannte vorstellen zu lassen. Heute haben sich die Sitten gelockert. Mann wie Frau darf offen auf Menschen zugehen, die ihm oder ihr sympathisch erscheinen. Viele solcher Kennenlern-Situationen führen zu einem Flirt, der das Leben angenehm bereichern kann. Allerdings sollte man gerade beim Flirten die ungeschriebenen Regeln des guten Benehmens ganz besonders sorgfältig beachten. Grundsätzlich kann ein Flirt ein lockeres, witziges Gespräch sein, das beiden Partnern Gelegenheit gibt, ihr Selbstbewusstsein ein wenig aufzumöbeln. Lächeln, kleine Komplimente oder vertrauliche Gesten sollten in einer solchen Situation dennoch keinen der Flirtpartner dazu verleiten, sich mehr zu erhoffen.

**INFO**

**Männer wie Frauen sollten sich zudem klarmachen: Körperbetonte Kleidung ist keine Einladung zu plumper Anmache und sagt nichts über die Absichten oder gar die Persönlichkeit des Trägers oder der Trägerin aus.**

In unseren emanzipierten Zeiten sollten Frauen wie Männer sich der Tatsache bewusst sein, dass es stillos ist, die Grenze zwischen Flirt und Anmache einseitig zu überschreiten – es sei denn, man wäre auf unverbindliche Kontakte aus, die allerdings nicht mehr unter den Begriff „korrekte Umgangsformen" fallen.

**INFO**

**Hat sich unter Kollegen ein Flirt zur Liebesbeziehung ausgeweitet, sollte man äußerst vorsichtig mit den veränderten Verhältnissen umgehen, weil Liebe im Büro leicht zu Neid und ungewollten Interessenkonflikten führen kann.**

Das Gespräch sollte man am besten mit einem Thema einleiten, bei dem es nicht so leicht zu Kontroversen kommen kann. Komplimente sind häufig kontraproduktiv, weil dies der Situation das Leichte und Beschwingte nehmen kann. Interesse signalisiert man besser auf diskretere und persönlichere Art – etwa, indem man erzählt, wie man auf eine Veranstaltung gekommen ist oder warum einem die Musik, die anderen Gäste oder das Ambiente so gut gefallen.

### Fotos und Videos

Erinnerungen an angenehme Stunden werden immer beliebter, egal, ob es sich um Fotos oder Videos handelt. Wo immer Sie Personen oder Privatbesitz aufnehmen wollen, dürfen Sie dies nur mit dem Einverständnis der Betroffenen bzw. des Besitzers tun. Diese goldene Grundregel gilt überall auf der Welt. Touristen, die Einheimische ohne Nachfrage fotografieren, verletzen deren Intimsphäre und Würde. Während man in der westlichen Welt bei Zuwiderhandeln eher mit juristischen Konsequenzen zu rechnen hat – Privatpersonen verfügen grundsätzlich über das Recht am eigenen Bild – kann es sein, dass Sie in anderen Regionen der Erde moralische oder religiöse Gefühle verletzen.

In Afrika z. B. existiert noch heute die religiöse Vorstellung vom Seelenraub durch Fotografieren. Dass Sie Frauen in muslimischen Ländern nicht fotografieren dürfen, ist klar. Aber auch nicht jeder Mann, dessen vermeintlich exotisches Aussehen Ihnen auffällt, möchte unbedingt abgelichtet werden. In vielen Touristenregionen dagegen sind Einheimische gegen Bares gerne bereit, Ihnen Modell zu stehen. Da dies oft entscheidend zum Lebensunterhalt dieser Menschen beiträgt, sollten Sie einen fairen Preis bezahlen.

**Gast**

In kaum einer Situation kann man die eigenen Umgangsformen so elegant unter Beweis stellen wie bei einer Einladung. Das beginnt bei der Wahl der passenden Kleidung und führt über das liebevoll ausgesuchte Gastgeschenk zu einem angenehmen, aufgeschlossenen Verhalten, das dazu beiträgt, die Einladung zum Erfolg zu machen. Der ideale Gast von heute wartet nicht, bis der Gastgeber ihm die anderen Gäste vorstellt, sondern macht sich selbst bekannt und trägt mit seiner angenehmen Konversation zu einer entspannten Atmosphäre bei. Am nächsten Tag bedankt er sich persönlich bei den Gastgebern für die gelungene Feier bzw. Zusammenkunft.

**Gentleman**

Diese selten gewordene Gattung Mann zeichnet sich durch perfekte Manieren, hohe Sozialkompetenz und Großzügigkeit aus. „Edel sei der Mensch, hilfreich und gut" formulierte Goethe (1749–1832) dieses Ideal vergangener Tage, das heute eine Renaissance erfährt. War die Bezeichnung ursprünglich Adligen vorbehalten, so hat sich der Begriff des Gentleman im Laufe der Zeit auch auf Bürgerliche mit dieser gewissen Lebensart ausgeweitet.

**Geschenke**

Ob es sich um kleine Mitbringsel zu einer eher informellen Feier oder um ein Präsent zu einem der großen Anlässe des Lebens wie Taufe oder Hochzeit handelt – Geschenke gehören zu einem höflichen Miteinander dazu. Natürlich passt man sich bei der Wahl des Präsents dem Anlass an. Geschenke unter Geschäftsfreunden werden zwangsläufig unpersönlicher ausfallen als Gaben im engsten Freundeskreis. Auch der Wert eines Präsentes sollte in einem vernünftigen Bezug zum Anlass des Schenkens stehen. Ein Blumentopf als Hochzeitsgeschenk wäre extrem knausrig, während Pralinen oder Champagner als Mitbringsel zu einem Treffen unter Freunden durchaus okay sind. Je besser man den Beschenkten kennt, desto persönlicher und origineller sollte das Geschenk sein. Dinge, die in einem Bezug zu Hobbys oder besonderen Interessengebieten stehen, kommen meist gut an. Haben die Gastgeber Kinder, sollte man nicht vergessen, auch für diese eine Kleinigkeit zu besorgen; Süßigkeiten werden dabei nicht von allen Eltern geschätzt. Erkundigen Sie sich lieber, wofür die Kleinen sich gerade interessieren, bevor Sie pädagogische Konzepte unterwandern.

**Glückwünsche**

Einer der schönsten Anlässe, mit anderen Menschen in Kontakt zu treten, sind erfreuliche Ereignisse wie die Geburt und Taufe von Kindern, kirchliche Feste wie Kommunion, Konfirmation oder Firmung, Verlobung, Heirat, Geburtstage oder eine berufliche Beförderung. Bei der Gratulation sollte man immer zeigen, dass man sich mit dem anderen freut. Es empfiehlt sich, neben dem privaten auch einen beruflichen Geburtstagskalender zu führen. Eine Auswahl an Glückwunschkarten garantiert, dass man stets zum richtigen Zeitpunkt reagieren kann.

Wenn man keine Gelegenheit hat, zu einem besonderen Ereignis persönlich zu gratulieren, ist ein Brief die beste Möglichkeit, Anteilnahme zu zeigen. Dabei sind einige persönliche, selbstverständlich handgeschriebene Zeilen auf einer seriösen Karte einem vorgedruckten Glückwunsch vorzuziehen. Wer es stilvoll-altmodisch liebt, kann einen Blumenstrauß schicken, dem eine Visitenkarte beigelegt wird, auf der nur der eigene Name steht. Darauf schreibt man p.f., was übersetzt „pour féliciter“, also „um Glück zu wünschen“ heißt. Sinnvoll ist diese Art des Glückwunsches natürlich nur, wenn sie auch verstanden wird.

**INFO**

**Ist man zu einer größeren Veranstaltung eingeladen und überbringt mit dem Glückwunsch auch ein Geschenk, so sollte man eine Glückwunschkarte mit einigen persönlichen Worten beilegen. Der Empfänger möchte sich schließlich später für das Geschenk bedanken.**

Spontane Besuche bei einem „Geburtstagskind" sollte man sich übrigens nur erlauben, wenn man mit einiger Sicherheit erwarten darf, dass man willkommen ist. Ein kurzer Anruf vorab klärt, ob der Überraschungsbesuch nicht doch zum Überfall werden könnte. Falls man doch einmal vor der Tür des Betroffenen steht und merkt, dass man ungelegen kommt, zieht man sich diskret wieder zurück.

Wird ein Kollege befördert oder hat er einen guten Geschäftsabschluss getätigt, ist ein freundliches Wort angemessen. Grundsätzlich sollte man sich dem Stil des Unternehmens anpassen, aber meist werden Glückwünsche im Berufsleben eher knapp und sachlich gehalten.

Hat ein Kollege die Beförderung erreicht, auf die Sie selbst gehofft hatten, ist ein knapper Glückwunsch sinnvoll. Verzichten Sie dabei auf Übertreibungen, die der Adressat der offensichtlichen Konkurrenzsituation wegen als heuchlerisch empfinden könnte.

Vorausschauende führen eine Kartei der Geschäftspartner, denen man zu bestimmten Feiertagen Glückwünsche schickt.

**Handy-Regeln**

Der praktische Nutzen von Handys ist unbestritten. Allerdings machen sich inzwischen auch die negativen Folgen des Mobiltelefon-Booms bemerkbar. Egal, wo man sich aufhält – irgendwo klingelt immer ein Handy. Die mehr oder weniger originellen Klingeltöne begeistern Außenstehende immer weniger. Hinzu kommt: Fast jeder, der mit dem Handy telefoniert, neigt dazu, lauter zu sprechen als normal. Nicht immer aber möchten Umstehende allzu genau über private oder berufliche Umstände von Fremden informiert sein.

Zwangsläufig hat sich inzwischen ein regelrechter „Handy-Knigge" entwickelt, den höfliche Zeitgenossen penibel einhalten sollten. Grundsätzlich ist Folgendes zu beachten: Stellen Sie Ihr Handy so oft wie möglich vom Klingelton auf Vibrationsalarm um, um die Nerven Ihrer Mitmenschen zu schonen. Gesundheitliche Erwägungen lassen es darüber hinaus ratsam erscheinen, das Handy öfter einmal auszuschalten und wegzulegen.

**INFO**

**Bei Einladungen, Besprechungen oder persönlichen Gesprächen nimmt man selbstverständlich keine Anrufe entgegen, wenn es dafür nicht zwingende Gründe gibt wie Notfalldienste von Ärzten oder Handwerkern.**

Der Anrufer sollte grundsätzlich zuerst fragen, ob der auf dem Handy Angerufene gerade frei sprechen kann. Zu unüblichen Zeiten ruft man auch per Handy nicht an. Ist man privat allein unterwegs, etwa beim Shoppen, darf das Handy immer eingeschaltet sein. Im Restaurant oder wenn man in Begleitung ist, sollte das Handy nur in begründeten Ausnahmefällen aktiv sein, sonst fühlt sich das Gegenüber schnell unhöflich behandelt.

Im Museum, im Kino, im Theater oder in der Oper bleibt das Handy selbstverständlich ausgeschaltet. Im Flugzeug ist man schon aus Sicherheitsgründen dazu angehalten, das Handy nicht zu benutzen. Während des Autofahrens dürfen Sie nur über eine Fernsprechanlage telefonieren. Wenn man eine solche Anlage nicht besitzt, sollte man zum Telefonieren an einer geeigneten Stelle anhalten.

Am Arbeitsplatz sollte man nur das beruflich benötigte Handy verwenden. Über die Mailbox des privaten Handys bleibt man trotzdem auch privat erreichbar. Nur in Pausen oder bei informellen Treffen wie dem Mittagessen mit Kollegen oder auf Reisen darf man auch das private Handy angeschaltet lassen. Immer dann, wenn es am Arbeitsplatz formell wird, etwa bei einer Besprechung mit Kollegen oder Geschäftspartnern, sollte man das Handy unbedingt ausschalten. Einzige Ausnahme: Man erwartet einen Anruf, der für das Meeting wichtig ist.

### Haustiere

Tierliebhaber und regelrechte Tierhasser geraten in unserer Gesellschaft allzu leicht aneinander. Die kultivierte Toleranz, die ein höflicher Menschen stets üben sollte, fällt da nicht immer leicht. Und trotz aller Verbote, die Tauben in unseren Städten zu füttern, kommt diese Unsitte immer wieder vor. Kampfhunde, die in einem schlecht bewachten Moment Unbeteiligte anfallen und oft schwer verletzen, erregen zu Recht den Ärger der Mitmenschen. Solche eklatanten Verstöße gegen die Regeln des Zusammenlebens gehören ohne Zweifel in die Hände der Polizei. Aber fast noch ärgerlicher wird es, wenn es Streit um ganz normale Haustiere gibt. In einem dicht besiedelten Land passt nicht jedes Tier in jede Wohngegend. Wer ein Mini-Schwein im Garten oder gar in der Wohnung hält, verlangt zu viel von seinen Nachbarn. Auch sehr große Hunde werden in Mietshäusern meist nicht gerne gesehen. Falls Sie ein solches Tier halten wollen, sollten Sie Ihren Nachbarn klar vermitteln, dass Sie es so konsequent zu Disziplin und Gehorsam erziehen, dass weder Ihre Nachbarn noch deren Kinder etwas zu befürchten haben.

Katzen und Kleintiere wie Meerschweinchen, Kaninchen oder Hamster werden meist leichter toleriert. Gut erzogene Hunde, die nicht jeden Passanten anbellen oder beschnüffeln, sind in der Regel ebenfalls kein Problem.

**INFO**

**Hundehalter sollten immer bedenken: Wer Tiere nicht mag, fühlt sich von schnüffelnden, bettelnden oder bellenden Hunden belästigt – und zwar zu Recht. Sorgen Sie dafür, dass Ihr Tier auf Ihr Kommando hört und unerwünschte Annäherungsversuche unterlässt.**

Alle Tierhalter sollten bedenken, dass immer mehr Menschen gegen Tierhaare allergisch sind. Ein unerwünschter Kontakt mit Ihrem Tier kann da schnell zur Körperverletzung werden, da die Auswirkungen von Allergien wenig berechenbar sind. Als Gastgeber und Haustierhalter sollten Sie bei der Planung einer Einladung stets überlegen, ob einer Ihrer Gäste Allergiker ist.

Ein spezielles Thema für Tierhalter sind Restaurantbesuche. In vielen Lokalen sind Ihre Lieblinge nicht erwünscht, denn meist werden die anderen Gäste sich daran stören, wenn Sie Ihr Hündchen auf einen Stuhl setzen. Verlangen Sie hier nicht zu viel Toleranz von Ihren Mitmenschen und denken Sie daran, dass es viele Menschen gibt, die sich bei einem solchen Anblick so sehr ekeln, dass ihnen der ganze Abend verdorben wird. Auch wenn Ihr Hund brav unter dem Tisch liegt, kann das Anstoß erregen. Lassen Sie Ihren Hund also beim Restaurantbesuch lieber zu Hause, wo er sich ohnedies wohler fühlt.

**Humor**
Esprit und Humor gehören zu den vornehmsten Eigenschaften, die ein kultiviertes Auftreten auszeichnen – diese altmodische Weisheit gilt auch heute wieder. Umstrittener als in früheren Zeiten ist allerdings, was noch unter Humor gerechnet und was bereits als grob empfunden wird. Insofern sollten sich vorsichtshalber nur geübte „Gesellschaftsgänger" ans Witzeerzählen wagen und dabei auf wohldosierte Selbstironie, nicht aber auf die Diskriminierung von Minderheiten oder die Bloßstellung anderer setzen.

**Jour fixe**
Seit kultivierte Gastlichkeit wieder in Mode gekommen ist, versucht man sich immer häufiger an regelmäßiger Geselligkeit in privatem Rahmen. Der Jour fixe ist ein festgelegter Tag in der Woche, an dem man zu einem Beisammensein bei unverbindlichen Gesprächen, zum Diskutieren, zu einer Lesung oder einem kleinen Konzert bittet. Doch auch regelmäßig an einem bestimmten Wochentag stattfindende Konferenzen oder Teambesprechungen in Firmen werden oft als Jour fixe bezeichnet.

**Kompliment**
Ein ehrliches Kompliment kann generell sehr förderlich für eine Beziehung zwischen zwei Menschen sein – sei es beruflich oder privat. Allerdings droht bei jeder Art von Schmeichelei die Gefahr, dass sie allzu berechnend oder gar floskelhaft wirkt. Die meisten sehr gut aussehenden Menschen sind sich dieser Tatsache nur allzu bewusst und hören lieber Gutes über ihren Charme, ihre Intelligenz oder ihre interessante Ausstrahlung. Gerade Frauen empfinden Komplimente als Einleitung zu einem Flirt oft als allzu fordernd. Teilkomplimente wie „schönes Haar" oder „tolle Frisur" lassen die Frage nach dem Reiz der übrigen Person zudem unangenehm offen.

Wenn Sie jemanden für sehr gebildet und intelligent halten, müssten Sie, um das zu beurteilen, genau genommen ein wenig besser sein als der Beurteilte selbst. Deshalb steckt auch in einer noch so positiven Äußerung dieser Art etwas Überhebliches. Seien Sie sich dessen bei jedem Kompliment bewusst und formulieren Sie entsprechend sensibel.

**Kondolieren**
Beinahe nichts löst in unserer Gesellschaft so viel Hilflosigkeit aus wie der Tod. Sind Bekannte oder Kollegen von einem Todesfall betroffen, möchte man einerseits persönlich und mitfühlend reagieren, fürchtet aber andererseits, die Trauernden durch persönliche Worte zu sehr aufzuwühlen. In dieser Situation ist es ausgesprochen hilfreich, sich auf Konventionen verlassen zu können. Erfährt man durch eine Anzeige in der Zeitung von einem Todesfall und sind Datum und Uhrzeit der Beerdigung angegeben, so ist man eingeladen, an der Beisetzung teilzunehmen. Heutzutage wird oft gebeten, auf Kränze zu verzichten und stattdessen einer karitativen Organisation eine Spende zukommen zu lassen. Natürlich sollte man diesen Wunsch respektieren.

Für Begräbnisse wählt man schwarze oder zumindest dunkle Kleidung. Falls die Hinterbliebenen in der Anzeige darum gebeten haben, von Beileidsbezeugungen am Grab Abstand zu nehmen, tut man dies selbstverständlich und grüßt nur schlicht. Ein persönlicher Kondolenzbrief, mit der Post geschickt, kann die Anteilnahme ohnehin besser ausdrücken. Selbstverständlich wird ein solcher Brief immer und ausschließlich mit der Hand geschrieben.

Kondolenzbesuche sind heutzutage weniger üblich. Falls man sich doch dazu entschließt – etwa auf eine Einladung hin – bringt man im Allgemeinen keine Blumen mit. Falls man dies ausnahmsweise doch tun möchte, wählt man ausschließlich weiße Blumen wie etwa Lilien. Alles andere wäre unangebracht.

**Lärm**
Kaum etwas kann das Zusammenleben zwischen Menschen – vorzugsweise Nachbarn – so belasten wie Lärm. Dabei gibt es auch heute noch verbindliche Regeln, wann und wie man Rücksicht auf andere zu nehmen hat. Laute Musik oder der Lärm von Reparaturarbeiten sind an Werktagen tagsüber zwischen etwa 9 Uhr und 19 Uhr zumutbar, laute Musik darf man bis 22 Uhr, also bis zur offiziellen Nachtruhe, hören. Eine Mittagspause ist variabel zwischen 12 Uhr bis 13 Uhr oder 14.30 Uhr bis 15.30 Uhr zu legen. Lärm auf Zimmerlautstärke, der niemanden belästigt, darf man rund um die Uhr machen. Wer sich unsicher ist, überlegt einfach, was er selbst bei seinen Nachbarn akzeptieren würde.

Aber auch im Büroalltag ist Lärm ein Thema. Sicher haben Sie auch schon des Öfteren verzweifelt versucht, einen Satz zu formulieren und kamen einfach zu keinem Ende, weil sich Ihre Kollegen gerade lauthals über ein anderes Problem unterhielten. Denken Sie also v. a. in Großraumbüros daran, dass Ihre Probleme nicht alle Anwesenden interessieren; sprechen Sie lieber mit gedämpfter Stimme und vermeiden Sie allzu lautes Lachen.

**Leihgaben**

Oft gerät man in die Situation, Bücher oder – am Arbeitsplatz – verschiedene Büroutensilien verleihen zu müssen. Zu Recht erwartet man dann, dass der Leihnehmer das fremde Eigentum pfleglich behandelt und nach einer angemessenen Frist unaufgefordert zurückgibt.

Natürlich kann es auch einmal vorkommen, dass etwas beschädigt wird. Der Leihnehmer sollte sich dann umgehend entschuldigen und anbieten, den Verlust zu ersetzen.

Wer schlechte Erfahrungen mit Leihgaben gemacht hat oder an bestimmten Dingen besonders hängt, sollte sich ruhig trauen, diese nicht auszuleihen. Das kann für eine Freundschaft oder die zukünftige kollegiale Zusammenarbeit oft besser sein!

**Make-up**

Die Zeiten, da Frauen als unseriös galten, die ihrem Aussehen mit kosmetischen Produkten nachhelfen, sind endgültig vorbei. Im Gegenteil: Eine Frau, die sich vollkommen ungeschminkt mit glänzender Haut, ungezupften Augenbrauen und womöglich wirrem Haar in der Öffentlichkeit präsentiert, gilt heute nicht mehr als besonders natürlich, sondern schon eher als ungepflegt.

Zumindest ein leichter transparenter Puder, der der Haut besonders auf der Nase und der Stirn den unschönen Glanz nimmt, ist Pflicht. Auch ein dezenter Lippenstift, eine leichte Grundierung und ein unauffälliger Hauch Rouge wirken gepflegt.

**INFO**

Im Restaurant ist es inzwischen erlaubt, sich am Tisch dezent die Lippen nachzuziehen. Trotzdem wirkt es souveräner, wenn Sie Ihr Make-up im Waschraum auffrischen – schließlich wollen Sie gleichzeitig auch Grundierung und Frisur korrigieren – und das wäre an Ihrem Platz nach wie vor undenkbar und äußerst unangemessen.

Dramatische Augen-Make-ups allerdings sind auch heute im Berufsleben genauso verpönt wie schrille, aufdringliche Farben. Auch an die Frisur stellt man heute höhere Anforderungen als früher. Gepflegtes Haar mit einem perfekten, professionellen Schnitt ist Pflicht für alle Frauen, die Karriere machen wollen.

**Mobbing**

Besonders in Branchen, in denen Arbeitsplätze zur Mangelware werden oder in Unternehmen, wo wegen Einsparungen jeder Zweite um seinen Arbeitsplatz bangen muss, kommt es immer wieder zu diesem höchst unkollegialen Verhalten. Oft schließen sich dabei sogar mehrere Mitarbeiter zusammen, um einen ungeliebten Kollegen zu provozieren und unter Druck zu setzen – und um ihn letztlich aus dem Unternehmen zu jagen.

Mobbingopfer sind oft vielversprechende Aufsteiger, die durch ihr Können den Neid ihrer Kollegen auf sich ziehen. Es kann sich aber auch um die Angehörigen einer bestimmten Minderheit innerhalb des betreffenden Unternehmens handeln, wie beispielsweise Ausländer oder Frauen.

Wie aber wirkt sich dieser weitverbreitete Psychoterror aus? Oft wird der Betroffene daran gehindert, seine Arbeit zu tun, er wird aus dem Kreis seiner Kollegen ausgeschlossen und häufig mit Kritik belastet, die nicht gerechtfertigt ist. Es kommt auch vor, dass er gezielt für größere Fehler anderer verantwortlich gemacht wird.

Man sollte als Opfer unbedingt über die Angriffe Buch führen, um sich dann gezielt zur Wehr setzen zu können.

# Mobbing

Die aktuelle Arbeitsmarktsituation führt dazu, dass viele Arbeitnehmer Verlustängsten und Leistungsdruck ausgesetzt sind. Mangelnde Arbeitsplätze haben den Kampf um die Positionen verstärkt. Die Angst vor Arbeitslosigkeit und sozialem Abstieg ist groß. Das führt oftmals zum Einsatz unlauterer Mittel.

Im Kampf um die (besten) Arbeitsplätze vergessen manche Menschen jegliches Mitgefühl, jede Form des höflichen oder achtenden Umgangs gegenüber den Mitmenschen und versuchen, potenzielle Konkurrenten einfach auszuschalten. Wenn Personen über einen längeren Zeitraum regelrecht schikaniert werden, spricht man von „Mobbing".

Das Ziel einer Mobbingattacke ist es, jemand anderen systematisch fertigzumachen. Das kann in der Praxis so aussehen, dass wichtige Informationen nicht weitergegeben werden, das Opfer übergangen und ausgeschlossen, permanent in ein schlechtes Licht gerückt, diskreditiert und unter anhaltenden psychischen Druck gesetzt wird. Psychosomatische Beschwerden, Erkrankungen bis hin zu Depressionen und sozialer Isolation gehören zu den Folgeerscheinungen.

Mobbing resultiert zumeist aus einem ungelösten und unangesprochenen Konflikt. Ein „Mobber" findet leider schnell Mitläufer, einerseits die „Sympathisanten", die gleichermaßen Frust oder Aggressionen an dem auserkorenen Opfer abreagieren, andererseits die „Dulder", die wegsehen und schweigen. Beide Verhaltensweisen sind völlig inakzeptabel.

Mobbing gedeiht besonders gut in einem schlechten Betriebsklima. Ein starkes Zusammengehörigkeitsgefühl, ein gutes Konfliktmanagement und ein respektvoller und freundlicher Umgang unter den Kollegen sind daher die beste Prävention.

Wenn Sie fürchten, selbst gemobbt zu werden, müssen Sie sich zur Klärung, ob dies auch wirklich der Fall ist, Folgendes fragen:

- Verabreden sich andere, um Ihnen zu schaden, und führt eine Person Aktionen gegen Sie durch?
- Wie stark lassen Sie sich von diesen Aktionen beeinträchtigen und welche Auswirkungen haben sie auf Ihr Wohlbefinden?
- Werden Sie häufiger krank, fühlen Sie sich bedroht, sind Sie nervös oder liegen Sie nachts deswegen wach?
- Sie fühlen sich durch irgendetwas daran gehindert, sich energisch und tatkräftig zur Wehr zu setzen?

Ergreifen Sie, sobald sich Ihr Mobbingverdacht bestätigt, sofort energisch Gegenwehr:

- Weichen Sie beim direkten Kontakt mit der mobbenden Person auf keinen Fall zurück und recken Sie das Kinn vor, wenn Sie mit ihr oder ihm sprechen.
- Prüfen Sie Ihre Stimme, die nicht nach oben gehen sollte. Wählen Sie in Gesprächen die tiefste Tonlage Ihrer Stimme.
- Tragen Sie Ihre Argumente in einem entschiedenen und sachlichen Ton vor.
- Lassen Sie keinen Zweifel daran, dass Sie meinen, was Sie sagen.
- Versuchen Sie, Autorität auszustrahlen.
- Verwenden Sie Gesten nur sparsam und versuchen Sie, durch Ihre Körperhaltung so viel Distanz wie möglich zu Ihrem Gegenüber zu schaffen.

Wenn auch Ihr selbstbewusstes Auftreten nichts mehr helfen sollte, sollten Sie keine Scheu haben, den Chef davon in Kenntnis zu setzen und sich an den Betriebsrat und/oder den Vertrauensarzt zu wenden. Besprechen Sie Ihre Situation vorab mit einem guten Kollegen, der dann notfalls auch Mobbingaktionen bezeugen könnte.

INFO

**Partys**
Die strikte Trennung zwischen Beruf und Privatleben, wie sie früher üblich war, löst sich immer stärker auf. Karrierewillige schließen sich heute häufiger zu informellen Netzwerken zusammen, die auch privaten Kontakt pflegen. Partys, früher ausschließlich private Vergnügungen, entwickeln sich dadurch in manchen Milieus immer mehr zu halb beruflichen Verpflichtungen. Dem muss man bei der Planung der Feier und dem persönlichen Auftreten sorgfältig Rechnung tragen.

Ohne Musik ist eine erfolgreiche Party undenkbar. Heute werden immer häufiger auch für private Feiern professionelle DJs engagiert. Ein mehr oder weniger aufwendiges Speisen- und Getränkebuffet tritt dagegen etwas in den Hintergrund. Der Dresscode ist, wenn es sich nicht gerade um eine Mottoparty handelt, meist flexibel. Kleine Geschenke als Mitbringsel sind üblich. Falls die Gastgeber Kinder haben, sollte man auch diese mit einer kleinen Aufmerksamkeit bedenken.

Privat ist heute grundsätzlich alles erlaubt, was gefällt. Insofern kann man sich frei entscheiden, wie auffallend man sich verhalten möchte. Sind Kollegen dabei, empfiehlt sich unter Umständen etwas Zurückhaltung. Eine Blamage wird meist nicht so schnell vergessen, und häufig stimmt es, dass man sich immer zweimal im Leben trifft. Auch deshalb sollte man Unbekannte auf einer privaten Party nicht unbedingt von vornherein duzen. Vielleicht hat sich der Chef des Gastgebers unters Partyvolk gemischt! Starre Regeln, etwa, dass man Einladungen spätestens zwischen 23 Uhr und 24 Uhr verlässt, sind für moderne Partys, die manchmal erst am frühen Morgen mit einem Frühstück enden, nicht mehr gültig.

**Political Correctness**
Wie so viele zeitgenössische Phänomene ist auch die Political-Correctness-Bewegung aus den USA nach Europa gekommen. Obwohl Nordamerika sich aus einem Schmelztiegel unterschiedlichster Nationen entwickelt hat, besteht die Führungsschicht des Landes überwiegend aus den Nachkommen britischer Einwanderer, den sogenannten WASPS (White Anglo-Saxon Protestants). Fast jede Gruppierung, die nicht zu dieser privilegierten Schicht

gehört, ist dort ein potenzielles Opfer von Diskriminierung. Die PC-Bewegung stellt den Versuch dar, Diskriminierung bewusst zu machen und über eine Sprache, die von diskriminierenden Begriffen gereinigt wurde, langfristig ganz abzuschaffen.

In so manchem deutschen Benimmführer fehlt der Begriff Political Correctness bis heute – ein Beleg dafür, dass die Bewegung hier in Deutschland noch in den Kinderschuhen steckt. Diskriminierende Begriffe sind bei uns im Alltag – meist aus Unkenntnis – noch weitverbreitet. Man denke an Wörter wie Neger oder Zigeuner, die längst aus dem offiziellen Wortschatz gestrichen wurden, in Alltagsgesprächen aber leider immer noch zu hören sind. Es wäre wünschenswert, dass die PC-Bewegung sich auch bei uns weiter durchsetzt, schließlich geht es darum, ein höfliches, tolerantes Miteinander von Menschen unterschiedlichster Herkunft und Ziele zu gewährleisten.

**Pünktlichkeit**

Das geflügelte Wort, dass die Pünktlichkeit die Höflichkeit der Könige sei, kennt wohl fast jeder. In der Praxis aber gibt es immer wieder unangenehme Zeitgenossen, die sich durch Unpünktlichkeit bei beruflichen oder privaten Terminen unbeliebt machen.

Dabei ist Pünktlichkeit für Menschen, die auf ihre Umgangsformen Wert legen, eine ganz einfache Sache: Man hält Verabredungen korrekt ein, vor allem wenn es sich um offizielle oder berufliche Termine handelt. Hier gibt es keine Entschuldigung für Unpünktlichkeit und ein einziges Versäumnis kann das Aus für einen geschäftlichen Kontakt bedeuten. Verspätet man sich aus unvorhersehbaren Gründen – und diese sollten bei einem wichtigen Treffen wirklich sehr zwingend sein –, so ruft man möglichst vor dem verabredeten Termin an und gibt Bescheid, dass man unterwegs ist. Das sogenannte akademische Viertel, das man früher als Entschuldigung fürs Zuspätkommen gerne vorschob, gilt in vielen Bereichen nicht mehr.

Dass es bei einer Verabredung zum Theaterbesuch, in die Oper oder ins Kino auf die Minute ankommt, ist einleuchtend. Auch wenn man abgeholt wird, sollte man fertig zum Aufbruch sein und nicht mehr ratlos vor dem Kleiderschrank stehen. Bei einer Einladung zum Abendessen kommt man ebenfalls auf die Minute pünktlich. Etwas lockerer darf man es angehen, wenn man zum Brunch erwartet wird.

Geht man auf eine Cocktailparty, darf man sich auf das akademische Viertel beziehen und bis zu einer Viertelstunde später kommen; hier ist vor allem wichtig, dass man nicht zu lange bleibt – maximal eine Stunde ist angemessen. Bei Empfängen darf man bis zu einer Stunde später erscheinen, als auf der Einladung angegeben ist. Am meisten Zeit darf man sich bei privaten Partys lassen – hier sind sogar zwei Stunden Verspätung noch im zeitlichen Rahmen.

Der Sinn für Pünktlichkeit darf aber auf keinen Fall dazu führen, dass man zu früh kommt. Warten Sie lieber fünf Minuten im Regen, als einen Gastgeber vor der Zeit in Verlegenheit zu bringen. Vor allem im südlichen Ausland gelten oft nicht dieselben Pünktlichkeitsregeln wie bei uns. Erkundigen Sie sich vor einem Auslandsaufenthalt unbedingt nach den dortigen Gepflogenheiten.

### Rauchen

In den letzten Jahren hat sich – nicht zuletzt wegen der fortschreitenden Internationalisierung – die einst so tolerante Haltung der Gesellschaft zum Rauchen auf der ganzen Welt gewandelt. In den USA, wo krebskranke Raucher Millionenklagen gegen die Tabakkonzerne gewinnen, gibt es inzwischen eine ganze Reihe von Städten, in denen man in öffentlichen Räumen kaum eine Gelegenheit zum Rauchen findet.

**INFO**

**Bei einem USA-Besuch tun Sie übrigens inzwischen gut daran, das Rauchen überall dort für verboten zu halten, wo es nicht ausdrücklich erlaubt ist.**

Diese Bewegung greift nun zunehmend auch auf Europa über. Vielerorts in Deutschland findet man inzwischen Nichtraucherzonen in Lokalen, Betrieben, auf Flughäfen, Bahnsteigen und überall dort, wo Menschen sonst noch zusammenkommen. Im Gegenzug finden stilvolle Raucher-Lounges etwa für Zigarrenraucher, wo Genießer unter Gleichgesinnten ungestört ihrer Leidenschaft frönen können, neue Freunde.

Dass ein Raucher Nichtraucherzonen grundsätzlich respektieren muss, ist wohl selbstverständlich. Sind Sie Raucher und erwarten Besuch, sollten Sie Ihre Wohnung vorab ausführlich lüften – für Nichtraucher riecht kalter Rauch ausgesprochen unangenehm.

Als Gast müssen Sie überall dort aufs Rauchen verzichten, wo es ausdrücklich gewünscht wird. Die meisten Gastgeber richten eine Raucherzone ein, in die Sie sich zurückziehen können – auf den Balkon etwa.

In Deutschland dürfen Sie mittlerweile in fast jeder Bar, Kneipe oder Diskothek nicht mehr rauchen. Auch im Restaurant ist Rauchen üblicherweise verboten.

Auf Reisen im Flugzeug, in Bus, Bahn und Taxi hält man sich als Raucher schlicht und einfach an die Vorschriften. Im Zug und im Flugzeug ist Rauchen mittlerweile generell verboten. Die meisten Hotels bieten Raucherbereiche, in die man sich zurückziehen kann.

**INFO**

**In den meisten Unternehmen ist Rauchen heute nicht mehr generell erlaubt. Zunehmend findet man Raucherzonen oder Raucherzimmer. Außerhalb dieser Bereiche zu rauchen, ist nicht akzeptabel. Üblicherweise wird bei Besprechungen ganz aufs Rauchen verzichtet.**

Die neuesten Untersuchungen zur Gefahr des Rauchens belegen eindeutig, dass jeder Zweite an den Folgen des Tabakkonsums stirbt. Die Lebenserwartung von Rauchern verkürzt sich im Schnitt um mindestens acht Jahre. Nichtraucher, die zum Passivrauchen gezwungen werden, sind ebenso krebsgefährdet wie der Raucher selbst. Insofern sind die Argumente der Tabakkritiker, die rauchfreie öffentliche Zonen fordern, unwiderlegbar und Nichtraucher rein faktisch und auch moralisch gesehen im Recht.

Auch eine steigende Zahl von Allergikern – nicht nur unter Kindern – leidet unter den Auswirkungen des „blauen Dunstes".

Für Raucher, die Wert auf ihre Umgangsformen legen, sollte deshalb äußerste Rücksicht auf Menschen, die ihre Gesundheit nicht durch Nikotin und Teer gefährden wollen, selbstverständlich sein. Sorgen Sie dafür, dass auch auf Nichtraucher in geselligen Runden Rücksicht genommen wird.

**INFO**

**Als Nichtraucher sollten Sie defensive, komplizierte Begründungen Ihrer Bitte um Rauchverzicht vermeiden. Flapsige Bemerkungen von Rauchern dürfen und sollten Sie ignorieren. Bleiben Sie freundlich und sachlich bei Ihrer Bitte, die Sie z. B. so formulieren können: „Seien Sie bitte so freundlich, hier nicht zu rauchen."**

### Small Talk

Die inzwischen schon recht umfangreiche Ratgeberliteratur zu diesem Thema beweist es: Der Small Talk ist wieder in Mode gekommen. Menschen plaudern locker-unverbindlich miteinander, um eine angenehme Atmosphäre zu schaffen bei geschäftlichen Kontakten, im Privatleben oder auf offiziellen Veranstaltungen.

Es kommt bei dieser besonderen Kunst der Konversation darauf an, Themen von allgemeinem Interesse zu wählen und auf leichte, nicht oberflächliche, aber auch nicht allzu ernsthafte Art zu besprechen.

### Taktgefühl

Für den wahrhaft höflichen Menschen ist Taktgefühl eine der wichtigsten Eigenschaften. Es umschreibt die Fähigkeit, sich in andere Menschen einzufühlen, um deren Stärken, aber auch Schwächen und Fehler zu erkennen – und um darauf im gesellschaftlichen Umgang Rücksicht zu nehmen. Neudeutsch wird dieser etwas altmodische Begriff gern mit den Schlagwörtern „emotionale Intelligenz" oder „Sozialkompetenz" umschrieben.

**Trinkgeld**
Fast überall, wo Sie Dienstleistungen in Anspruch nehmen, ist ein Trinkgeld für das Servicepersonal angebracht. Im Einzelnen gilt: Im Restaurant, im Hotel, beim Friseur, der Kosmetikerin sowie im Taxi ist ein Trinkgeld üblich. Auch einem Handwerker, der besonders gute Arbeit geleistet hat, kann man eine zusätzliche Anerkennung geben. Normalerweise sollte man auf ein Trinkgeld nur dort verzichten, wo man schlecht bedient worden ist; ein unhöflicher, patziger Kellner oder ein schlampiges Zimmermädchen sollten in ihrem Verhalten nicht noch bestärkt werden.

**INFO**

**Im Hotel sollten Sie jeden, der für Sie tätig geworden ist, mit einem Trinkgeld bedenken: das Zimmermädchen, den Zimmerkellner, aber auch Pagen, Wagenmeister und Concierge.**

Die internationalen Gepflogenheiten beim Trinkgeld im Restaurant haben sich immer stärker angeglichen; 10 bis 15 Prozent des Rechnungsbetrages gelten heute in vielen Ländern als normal. Je höher der Rechnungsbetrag, desto niedriger darf der prozentuale Anteil des Trinkgeldes ausfallen.

**Verbindlichkeit**
Die Amerikaner mit ihren lockeren, aber durchaus sehr bewussten Umgangsformen haben es uns Europäern wieder einmal vorgemacht. Inzwischen hat sich die typisch amerikanische Gepflogenheit, Fremden betont herzlich gegenüberzutreten, ohne damit eine Verpflichtung einzugehen, auch bei uns in Deutschland immer mehr durchgesetzt. Mit Oberflächlichkeit hat diese Aufgeschlossenheit nichts zu tun, eher mit der Generosität, von Fremden zunächst einmal das Beste zu erwarten.

Die Frage, wie verbindlich man neue private oder geschäftliche Kontakte einzuschätzen hat, ergibt sich heutzutage v. a. im internationalen Rahmen. Der im privaten Small Talk geäußerte Satz „Wir müssen uns unbedingt bald einmal treffen. Ich rufe Sie nächste Woche an.“, kann in verschiedenen Ländern sehr Unterschiedliches bedeuten. In den USA sollte man dabei von einer reinen Höflichkeitsfloskel ausgehen, falls nicht weitere Zeichen auf ein echtes Interesse des Gesprächspartners hindeuten. Meldet man sich nach so einem Gespräch von sich aus, ist es durchaus möglich, dass man auf Überraschung stößt. In vielen europäischen Ländern dagegen darf man eine solche Meinungsäußerung in der Regel als echtes Interesse interpretieren und darauf hoffen, dass sich ein Kontakt vertieft.

Mehr denn je muss man sich heute darauf einstellen, dass man in Situationen ohne internationale Regeln selbst die Zwischentöne erkennen muss, um herauszufinden, was ein Gesprächspartner wirklich ausdrücken will.

**Visitenkarten**

Auf internationalem Parkett oder im Berufsleben ist derjenige ein Niemand, der keine Visitenkarte besitzt. Heute sind fast nur noch Versionen im Umlauf, die neben dem Namen und etwaigen Titeln sowie Funktionsbezeichnungen innerhalb des Unternehmens auch die komplette Adresse und die Telefonnummer(n) sowie die E-Mail-Adresse verzeichnen. Früher war das anders; damals kannte man noch Karten, die für Besuche gedacht waren und nur den Namen des Besitzers oder der Besitzerin trugen.

Nach modernen Standards gilt es als unfein, wenn eine Karte aus dem beruflichen Umfeld auch die private Adresse des Trägers verzeichnet. Wer sich den Aufwand leistet, eine Visitenkarte zu tragen, sollte zwei Versionen davon besitzen. Während das Übergeben von Visitenkarten im Geschäftsleben bei uns sehr lässig gehandhabt wird, ist es etwa in Japan ein regelrechtes Ritual. Man übergibt eine Karte dort stets mit beiden Händen. Empfängt man eine Visitenkarte, studiert man sie zunächst aufmerksam und verstaut sie dann in der Innentasche des Sakkos oder der Handtasche.

**Warten**

... ist fast immer unangenehm, egal, ob sich derjenige verspätet, mit dem man fest verabredet ist, oder ob die Schlange an der Einkaufstheke länger ist als erhofft. Als höflicher Mensch geduldet man sich und trägt etwaigen Unmut auf keinen Fall offen zur Schau. Im Restaurant darf man nach einer angemessenen

Frist selbstverständlich höflich und sachlich nach dem Kellner rufen; laute Töne sind mit Rücksicht auf die anderen Gäste zu vermeiden.

Bei einer Verabredung zu einer Veranstaltung mit genau festgesetztem Beginn ist es höflich, etwa 15 Minuten über diesen Termin hinaus zu warten. Bei einem Theater- oder Kinobesuch geduldet man sich bis zur letzten Einlassmöglichkeit; danach darf man alleine gehen.

Ist man zum Abendessen im Restaurant verabredet, wird man meist noch länger zu warten bereit sein. Nach einer angemessenen Frist – etwa einer halben Stunde – darf man aber allemal entscheiden, ob man alleine essen möchte oder das Lokal wieder verlässt.

Gegen notorische Zuspätkommer im Freundeskreis kann man sich in der Regel nur mit einem Trick wehren: Man macht bei Verabredungen einen Terminvorschlag, der 15 bis 20 Minuten vor dem Zeitpunkt liegt, den man selbst für sinnvoll hält. Manchmal lassen sich lange Wartereien dann vermeiden.

**Zuprosten**
Das Zuprosten gehört zu den nicht immer feinen Bräuchen, auf die man sich bei besonderen Gelegenheiten gern besinnt. Im Geschäftsleben praktiziert man diese etwas volkstümliche Sitte nicht mehr so häufig. Beliebt ist dieser besondere Gruß aber nach wie vor bei besonders festlichen privaten Anlässen wie Jubiläen und „runden“ Geburtstagen. Der Gastgeber gibt das Signal zum Zuprosten, indem er sein Glas erhebt, in die Runde schaut und „zum Wohl“ wünscht. Danach antworten die Gäste entsprechend und alle nehmen den ersten Schluck.

**Zuverlässigkeit**
Einmal gegebene Zusagen einzuhalten oder verabredete Termine auch wahrzunehmen, gehört unbedingt zum Verhaltensspektrum eines höflichen Menschen, auch wenn solche grundlegenden Regeln des Zusammenlebens heute nicht mehr allgemein verbreitet sind.